ZEITSCHRIFT FÜR ANGEWANDTE GEOLOGIE

HERAUSGEGEBEN VOM
ZENTRALEN GEOLOGISCHEN INSTITUT
IM AUFTRAG DES
STAATSSEKRETARIATS FÜR GEOLOGIE

AUS DEM INHALT

AKADEMIE-VERLAG · BERLIN

BAND 15 / HEFT 1
JANUAR 1969
SEITE 1–56

	INHALT	СОДЕРЖАНИЕ	CONTENTS	
	Dem 20. Jahrestag der DDR entgegen	К 20-ой годовщине основания Германской Демократической Республики	Approaching the 20 th Anniversary of the German Democratic Republic	1
Meinhold, R.	Stand und Entwicklungstendenzen in der geologischen Erkundung von tiefliegenden Erdöl- und Erdgaslagerstätten	Состояние и тенденции развития геологической разведки глубоко-залегающих месторождений нефти и газа	Status and Development Trends in the Geological Exploration of Deep-Seated Oil and Gas Deposits	2
Tataschew, K. C.	Der Einfluß von Schichtdruckänderungen bei der Verdrängung des Erdöls aus der Matrix klüftig-poröser Speicher durch kapillare Umverteilung	Влияние изменения пластового давления на вытеснение нефти из блоков трещиновато-пористых коллекторов путем пропитки их водой	The Influence of Changes of the Formation Pressure in the Displacement of Oil from the Matrix of Jointable-Porous Reservoirs by Capillary Redistribution	8
Drobot, D. I., A. N. Solotow & B. W. Kornew	Die Verteilung der organischen Substanz in den terrigenen Ablagerungen des Unteren Kambriums und Präkambriums im Irkutsker Amphitheater	Распределение органического вещества в терригенных отложениях нижнего кембрия и докембрия Иркутского амфитеатра	The Distribution of the Organic Substance in the Terrigenous Sedimentations of the Lower Cambrian and Precambrian in the Amphitheatre of Irkutsk	12
Milde, G., & H.-U. Mollweide	Die wichtigsten Verschmutzungsgefahren für Grundwasserlagerstätten	Основные опасности загрязнения месторождений грунтовых вод	The Most Important Dangers of Condamination for Ground-Water Deposits	17
Kniesel, J.	Beitrag zur Kenntnis über das Abgabevermögen der Grundwasserleiter des Mittleren Buntsandsteins in Thüringen	К изученности водоотдачи проводников грунтовых вод среднего пестрого песчаника в Тюрингии	Knowledge of the Yield Capacity of Aquifers of the Middle Bunter Sandstone in Thuringia	25
Milde-Darmer, K., & R. Vulpius	Beitrag zur mathematisch-statistischen Bearbeitung von Erkundungsdaten zwecks Optimierung des Erkundungsaufwandes	К математико-статистической обработке материалов разведки с целью оптимализации расходов разведки	On the Mathematical-Statistical Treatment of Data for Optimizing Exploration Expenses	29
Winogradow, W. I., & L. I. Schanin	Zur Frage der Variationen der Schwefelisotopen-Zusammensetzung in den alten Ozeanen	К вопросу о вариациях изотопного состава серы древних океанов	On Variations of the Composition of Sulphur Isotopes in Old Oceans	33
Kredowskij, O. L., & K. L. Manguschew	Die Nutzung unterirdischer Kernexplosionen für die Vergrößerung der Erdöl-Erdgas-Abgabe von Lagerstätten	Использование подземных ядерных взрывов для увеличения нефте-газоотдачи месторождений	The Utilization of Underground Nuclear Explosions for Increasing the Oil/Gas Yield Deposits	36
Hetzer, H.	Zu Fragen der Erdölerkundung in einigen arabischen Ländern	К вопросу разведки нефти в некоторых арабских странах	Problems of Oil Exploration in Some Arabian Countries	39
Sokolow, W. I., & M. I. Lodshewskaja	Die Effektivität des Erkundungsbohrens in großen Tiefen in den USA	Эффективность разведочного бурения на большие глубины в США	The Effectiveness of Exploratory Drilling in Great Depths in the U.S.	43
Schlegel, G.	Die Herstellung von Anschliffen aus Aufbereitungsprodukten von Altenberger Erzen	Об изготовлении аншлифов из продуктов обогащения Альтенбергских руд	Ground Sections Made of Dressed Products of Ores from Altenberg	45
Hauck, J.	Zur Bewertungsformel für Lagerstätten von Milutinovič	Формула Мулутиновича для оценки месторождений	On Milutinovic's Formula for Evaluating Deposits	48
Jordan, H.	Ein neues Gerät für mikropaläontologisches und sediment-petrographisches Auslesen und Sortieren	Новый прибор для микропалеонтологической и осадочно-петрографической отборки и сортировки	A New Apparatus for Micro-paleontological and Sediment-Petrographical Selection and Sorting	49

Die ZEITSCHRIFT FÜR ANGEWANDTE GEOLOGIE berichtet ständig über folgende Arbeitsgebiete: Geologische Grundlagenforschung und Lagerstättenforschung / Methodik der geologischen Erkundung / Ökonomie und Planung der geologischen Erkundung / Technik der geologischen Erkundung / Geologie und Lagerstättenkunde im Ausland. In der Zeitschrift können alle strittigen Fragen der praktischen Geologie behandelt werden. Die Autoren übernehmen für ihre Aufsätze die übliche Verantwortung.

ZEITSCHRIFT FÜR ANGEWANDTE GEOLOGIE

Träger der Ehrennadel in Gold der Gesellschaft für Deutsch-Sowjetische Freundschaft

KOLLEKTIVE CHEFREDAKTION

Dr. K. KAUTER (Redaktionssekretär)
Prof. Dr. F. STAMMBERGER
Dr. habil. G. TISCHENDORF

BAND 15 · JANUAR 1969 · HEFT 1

Dem 20. Jahrestag der Deutschen Demokratischen Republik entgegen

Die Hauptfrage für dieses Jahr ist die Durchsetzung einer leistungsfähigen modernen Wissenschaftsorganisation und sozialistischen Führungstätigkeit in Staat und Wirtschaft. Nur so kann die schnelle Überführung wissenschaftlicher Höchstleistungen in die Produktion und dazu die weitgehende Nutzung der Automatisierung und der elektronischen Datenverarbeitung für die staatliche Führungstätigkeit in Wissenschaft, Industrie, Landwirtschaft, Handel, Verkehrswesen, Bildungswesen, Gesundheitswesen usw. sowie auch für die Führungstätigkeit zentraler und territorialer staatlicher Organe gewährleistet werden. Auf diese Weise schaffen wir auch die Voraussetzung dafür, daß 1969 und 1970 der Start zum nächsten Perspektivplan sorgfältig und richtig vorbereitet ist. Denn dieser Perspektivplan 1971 bis 1975 wird für die weitere Geschichte und die Entwicklung der DDR und unseres Volks von größter Bedeutung sein. Mögen daher alle — jeder an seinem Platz — das Beste geben. Dann werden wir auch die Früchte unserer Anstrengungen gemeinsam ernten. Und wir werden imstande sein, auch 1969 und 1970 große Investitionen vorzunehmen und bedeutende Leistungen zu vollbringen.

Auszug aus der Neujahrsbotschaft des Vorsitzenden des Staatsrates, Walter Ulbricht

Stand und Entwicklungstendenzen in der geologischen Erkundung von tiefliegenden Erdöl- und Erdgaslagerstätten

RUDOLF MEINHOLD, Freiberg (Sa.)

1. Allgemeines

Die Erkundung tiefliegender Lagerstätten erfordert die Anpassung der bekannten Methoden an die wesentlich höheren Schwierigkeiten dieses Problems. Vor allen Dingen müssen jedoch Methoden ausgewählt werden, die mit einer weitaus geringeren Anzahl von Aufschlüssen auszukommen vermögen. Das bezieht sich auch auf die Präzechsteinerkundung; denn die Suche betrifft hier sekundäre Lagerstätten, wobei der Blick gleichzeitig auf die tieferen Ursprungslagerstätten gerichtet werden muß, die wegen der großen Aufschlußtiefe durch diese Erkundung noch nicht erreicht werden können. Die Untersuchungen müssen sich dabei auf Bohrungen ziemlich großer Teufe stützen, daneben auf geophysikalische Ergebnisse, deren Aussagesicherheit aber auch mit der wachsenden Teufe abnimmt. Außerdem schuf die Transgression des Zechsteins ein völlig neues, abgeschlossenes Stockwerk. Gewisse Strukturen dieses Stockwerks werden jedoch auch im darüberliegenden noch erkennbar sein. Durch genaue Untersuchung der Sedimentationsbedingungen wird es möglich sein, säkulare Hebungs- oder Senkungstendenzen zu erkennen, die auch für die Mobilisierung der Fluide im Untergrund von wesentlicher Bedeutung sind. So lassen sich z. B. Schwellen im Zechsteinmeer bekanntermaßen durch sedimentologische Untersuchungen klären. Diese Fragen, so wichtig sie sind, sollen in diesem Beitrag nicht behandelt werden. Es sollen nur einige ausgewählte, nach Ansicht des Verf. zu wenig beachtete Teilausschnitte zu diesen Problemen erörtert werden.

2. Hydrodynamik

Je tiefer man in die Probleme der Erdölgeologie eindringt, desto klarer erkennt man die große Rolle der Hydrodynamik für die Lagerstättenbildung. In jedem Erdölbecken sind die Anteile, die das Erdöl an der Gesamtmasse der Flüssigkeiten einnimmt, nur sehr klein. Im Mittel kann man in den bekannten Erdölbecken die Menge des entdeckten Erdöls mit 2000 m^3/km^3 ansetzen, wobei es auch Erdölbecken mit mehr als 100000 m^3/km^3 gibt.

Nimmt man den Anteil der permeablen Gesteine mit 25% an und läßt den beträchtlichen Wassergehalt der tonigen Gesteine außer acht, dann sind in dem mit 20% angenommenen Porenraum von 1 km^3 50 Mill. m^3 Flüssigkeit vorhanden. Der Anteil des Erdöls daran ist $4 \cdot 10^{-5}$, in den reicheren Becken mag er 10^{-4} sein. Die Lagerstättenbildung erfordert also einen Konzentrationsprozeß von großem Ausmaß, der in dem allgegenwärtigen Wasser vor sich gegangen sein muß. Es scheint Verf. auch nicht möglich, die Lagerstätten allein aus den Umwandlungsprodukten der organischen Gesteinssubstanz, die sich bei 1500 bis 2000 m Tiefe zu bilden beginnen und in Gasphase austreten, zu erklären. Die Kohlenwasserstoffbildung ist ein in vielen Etappen ablaufender Vorgang. Sie beginnt im frühdiagenetischen Stadium unter aktiver Beteiligung der Mikroorganismen, geht über chemische Umwandlungen, niedrigthermale katalytische Umwandlung bis zur hochthermalen Crackung der Gesteinsbitumina. Die Zusammenführung und der Transport dieser Kohlenwasserstoffe ist ohne Mitwirkung des Wassers nicht möglich. Während der Wanderung im Wasser werden dann die Kohlenwasserstoffe durch chemische, biochemische und physikalische Kräfte weiter umgewandelt; ja, es ist anzunehmen, daß sich gewisse Komponenten erst während der Wanderung im Wasser bilden. Hydrodynamische Systeme sind also eine günstige Voraussetzung für Lagerstättenbildung. Art und Richtung dieser Systeme müssen deshalb erforscht werden. Auch in stagnierenden Systemen ist Lagerstättenbildung möglich, aber offenbar weniger effektiv.

Es wird oft behauptet, die Menge der gelösten Kohlenwasserstoffe reiche nicht zur Lagerstättenbildung aus. Das ist nicht zutreffend. Die Lösungsfähigkeit des Wassers für Kohlenwasserstoffe ist recht unterschiedlich. Sie liegt für die niederen n-Paraffine bei 30—60 ppm Gewicht, bei höheren Paraffinen bei etwa 1 ppm, für Aromaten wie Benzol bei 1780 ppm, für Toluol bei über 500 ppm (MCAULIFFE 1962). Im ersten Stadium der Erdölentstehung bestehen die gebildeten Kohlenwasserstoffe aus höheren Paraffinen mit geringer Löslichkeit, einfachen Aromaten hoher Löslichkeit und dazwischenliegenden Naphthenen. Untersuchungen der Wässer rezenter Schlämme ergaben an Kohlenwasserstoffen im Pazifik 4—10 ppm, im Ochotskischen Meer 6—18 ppm, im Schwarzen Meer 18—32 ppm, im Asowschen Meer 22—44 ppm. Die Mizellenlöslichkeit ist ca. 10mal so hoch wie die in reinem Wasser, die oben angegeben wurde.

Ferner ist anzunehmen, daß offene hydrodynamische Systeme am Anfang der Diagenese der Gesteine allgemein sind und daß daher im unverfestigten Zustand die Schlämme noch eine beschränkte Wasserzirkulation erlauben, so daß je nach Geschwindigkeit des durchlaufenden Wassers ein Mehrfaches der im stehenden Wasser lösbaren Kohlenwasserstoffe weggeführt werden kann. Wenn wir also Mizellenlöslichkeit annehmen, die nach den Ergebnissen von BAKER (1962) als erwiesen gelten kann, und dazu eine Wasserbewegung, kann man ohne großen Fehler mit einer Löslichkeit von 100 ppm rechnen, d. h. mit 0,01%. Benutzt man diese Zahl, kann man die mögliche Auswanderung von Kohlenwasserstoffen aus den Schlämmen der Menge nach er-

Eingang des Manuskripts in der Redaktion: 21. 8. 1968.
Vortrag, gehalten in der Sektion Geowissenschaften des Berg- u. Hüttenmännischen Tages, Freiberg 1968.

rechnen. Gehen wir von einem Schlamm mit 80% Porosität und 100 m Mächtigkeit in einem Becken von 100 × 100 km aus. Bei 1000 m Überdeckung sinkt seine Porosität nach den Kompaktionskurven von WELLER (1959) auf 22%, seine Mächtigkeit schrumpft auf 40 m, dabei werden 600 km³ Wasser ausgepreßt. Die darin gelöst weggeführten Kohlenwasserstoffe entsprächen dann einer Menge von 60 Mill. t.

Für einen realen Fall, das Südkaspi-Becken, hat KOLODIJ (1967) für die pliozänen Schichten Apscheron bis Krasnoswety seit ihrer Ablagerung eine ausgewanderte Wassermenge von 64000 km³ errechnet. Wenn wieder die Möglichkeit einer Wasserzirkulation im Frühstadium durch die Annahme einer erhöhten Löslichkeit von 100 ppm berücksichtigt wird, ergibt sich, daß in dieser Zeit 6,4 Mrd. t Kohlenwasserstoffe ausgewandert sein könnten. Wenn man nun noch berücksichtigt, daß zu diesem „Grundstock" später thermokatalytisch entstandene Kohlenwasserstoffe hinzukommen, muß man zugeben, daß diese Mengen durchaus ausreichend sind, auch wenn nur ein Bruchteil (5%?) davon in wirtschaftlich interessierenden Ansammlungen vorliegt.

Es ist weiterhin zu beachten, daß auch polare Substanzen, z. B. Fettsäuren, mit weit höherer Löslichkeit entstehen, die dann im Wasser selbst zu Kohlenwasserstoffen umgebildet werden können. Einen Hinweis dafür geben die Untersuchungen von COOPER (1963), der im Wasser Fettsäuren ohne die ungerade Vormacht (CPI = 1) fand, die also einer Molekülverteilung entsprechen, wie sie sich auch in Erdölen findet, nicht aber in den jüngeren bituminösen Substanzen der Gesteine.

Der Nachweis hydrodynamischer Systeme wäre also ein sehr wirkungsvolles Mittel für die Voraussage von Lagerstätten. Er könnte geführt werden durch 1. Druckmessungen, 2. Geochemie, 3. Geothermie. In einer kürzlich veröffentlichten Arbeit (MEINHOLD 1968) hat Verf. eine ganze Reihe von Beispielen für hydrodynamische Systeme gebracht. Hier sollen nur wenige angeführt werden. Im Block von Stawropol ist der wichtigste Speicher das Chadum. Die großen Lagerstätten stehen im Zusammenhang mit einem Minimum des relativen Druckes. Die Isobaren sind in Richtung der größten Sandentwicklung ausgebeult. In dieser Richtung wird also das Wasser fließen. In gleicher Richtung wird auch hochmineralisiertes Standwasser von geringer mineralisiertem und gering metamorphosiertem Wasser verdrängt. Da das aus dem Ostkuban-Becken in den Block aufsteigende Wasser in der Tiefe erwärmt wurde, bildete sich auf dem Block von Stawropol außerdem eine positive Temperaturanomalie aus. Im Ostkaukasus-Becken zieht das Wasser am Kaukasus ein, sinkt in die Tiefe und steigt im Antiklinalgebiet südlich des Terek wieder auf, erzeugt eine positive Wärmeanomalie und

Tab. 1. Umrechnung der Strömungspotentiale zur graphischen Darstellung (nach HUBBERT)

	Wasser	Öl	Gas	
1.	$\Phi_w = gz + \frac{p}{\varrho_w}$	$\Phi_o = gz + \frac{p}{\varrho_o}$	$\Phi_g = gz + \frac{p}{\varrho_g}$	
	↓	↗ ↓		
2.	$p = \varrho_w \cdot \Phi_w - \varrho_w \cdot gz$	$\Phi_o = \frac{\varrho_w}{\varrho_o} \cdot \Phi_w - \frac{\varrho_w - \varrho_o}{\varrho_o} \cdot gz$	$\Phi_g = \frac{\varrho_w}{\varrho_g} \cdot \Phi_w - \frac{\varrho_w - \varrho_g}{\varrho_g} gz$	
		p, ausgedrückt durch äquiv. Flüssigkeitssäulen h_o, h_g, h_w:		
3.	$p = \varrho_w\ g(h_w - z)$	$p = \varrho_o\ g(h_o - z)$	$p = \varrho_g \cdot g(h_g - z)$	
4.	$\Phi_w = g \cdot h_w$	$\Phi_o = g \cdot h_o$	$\Phi_g = g \cdot h_g$	
		Substitution in Reihe 2 (g ausgeklammert)		
5.		$h_o + \frac{\varrho_w}{\varrho_o} \cdot h_w - \frac{\varrho_w - \varrho_o}{\varrho_o} \cdot z$	$h_g = \frac{\varrho_w}{\varrho_g} \cdot h_w - \frac{\varrho_w - \varrho_o}{\varrho_g} \cdot z$	
		Alle Glieder haben nun Dimension einer Länge!		
	Multipliz. mit	$\frac{\varrho_o}{\varrho_w - \varrho_o}$	$\frac{\varrho_g}{\varrho_w - \varrho_g}$	und
6.	Substit.:	$\frac{\varrho_o}{\varrho_w - \varrho_o} \cdot h_o = u_o$	$\frac{\varrho_g}{\varrho_w - \varrho_g} \cdot h_g = u_g$	sowic
		$\frac{\varrho_w}{\varrho_w - \varrho_o} \cdot h_w = v_o$	$\frac{\varrho_w}{\varrho_w - \varrho_g} \cdot h_w = v_g$	
7.		$u_o = v_o - z$ ↙ ↘ prop. Φ_o prop. Φ_w	$u_g = v_g - z$ ↙ ↘ prop. Φ_g prop. Φ_w	

Wenn nur ein Kohlenwasserstoff fließt: $u = v - z$ u = const: Äquipotentialfläche Öl, v = const: Äquipotentialfläche Wasser

(Φ – Strömungspotentiale, ϱ – Dichten, p – Druck, z – Tiefe, Index $_o$ – Öl, w – Wasser, g – Gas)

verdrängt auch hier hochmineralisiertes Tiefenwasser. Weitere Beispiele sind der genannten Veröffentlichung zu entnehmen. Noch sehr viel mehr Beispiele aus dem übrigen Europa und aus Amerika ließen sich beibringen, die einwandfrei belegen, daß Lagerstätten mit hydrodynamischen Systemen vorkommen. Man kann diese Systeme auch nicht leugnen, weil augenblicklich stagnierende Bedingungen herrschen; in der Vorzeit können durchaus hydrodynamische Verhältnisse geherrscht haben. Auch das Argument, daß bei hydrodynamischen Verhältnissen seit dem Paläozoikum die Speicher mehrfach geflutet sein müßten und somit kein hochmineralisiertes Wasser mehr enthalten dürften (ASCHIROW 1967), ist nicht stichhaltig, weil diese Systeme mehrfach vom stagnierenden zum hydrodynamischen System gewechselt haben können und wir nur den augenblicklichen Zustand sehen.

Wir erkennen aus den Beispielen neben der Wichtigkeit von Temperaturmessungen die große Bedeutung hydrodynamischer Beobachtungen vorerst, von Druckmessungen zur Feststellung von Fallen, die ja Zonen kleinsten Potentials, also auch relativ kleinster hydrodynamischer Drücke sind. Solche Zonen lassen sich mit der Methode von HUBBERT (1967) kartieren, die von den bekannten Strömungspotentialen (Tab. 1) ausgeht. Man stellt dann den Druck durch äquivalente Säulen der Fluide (Öl, Gas, Wasser) dar und formt durch einige Substitutionen so um, daß man alle diese äquivalenten Drücke in der Dimension von Längen erhält. Diese Längenglieder sind nun proportional den Strömungspotentialen, wenn man etwa noch auftretende andere Potentialanteile vernachlässigt. Sie lassen sich somit leicht als Größen u, v und z kartieren.

Bei einem fließenden Kohlenwasserstoff ist $u = v - z$, dabei ist u proportional dem Strömungspotential des Kohlenwasserstoffs, u proportional dem des Wassers, z ist die Tiefe, v = const ist dann die Äquipotentialfläche des Kohlenwasserstoffs (etwa des Öls) und v = const diejenige des Wassers. Man braucht nun nur für verschiedene Tiefen z, $z + \Delta z$, $z + 2\Delta z \ldots$ die Größen v, $v + \Delta v$, $v + 2\Delta v \ldots$ zu bestimmen und erhält die verschiedenen zugehörigen Werte von u graphisch (Abb. 1). Damit bekommt man die Zonen relativ kleinsten Potentials, die als Fallen dienen können (Abb. 2). Als Beispiel sei die Riesenlagerstätte Hugoton (Abb. 3) angeführt, die sich als hydrodynamisch gehalten erweist.

Die Methode ist natürlich nur dann anwendbar, wenn die Bewegung der Fluide nach dem Gesetz von DARCY beschrieben werden kann. Sie verlangt ferner ziemlich genaue Druckmessungen, die noch ein erhebliches technisches Problem darstellen. Die Verhältnisse werden stark gestört, wenn Chemoosmose eine wesentliche Rolle spielt. Diese tritt bei semipermeablen Membranen im Gestein, wie Tonen, Mergeln usw., auf. Das Wasser kann dann nicht frei nach Zonen niederen Potentials entweichen, und zum Standardpotential ist ein Glied der Form $RT \sum_{i=1}^{n} \ln x_i$ (PIRSON 1967) hinzuzufügen, wobei x_i die Molfraktion jedes Bestandteils in der Lösung der Wässer ist. Die Osmose wirkt sich so aus, daß hochkonzentrierte Porenwässer in den semipermeabel abgeschlossenen Räumen durch eindringende süßere Wässer verdünnt werden, wobei der Druck ansteigt.

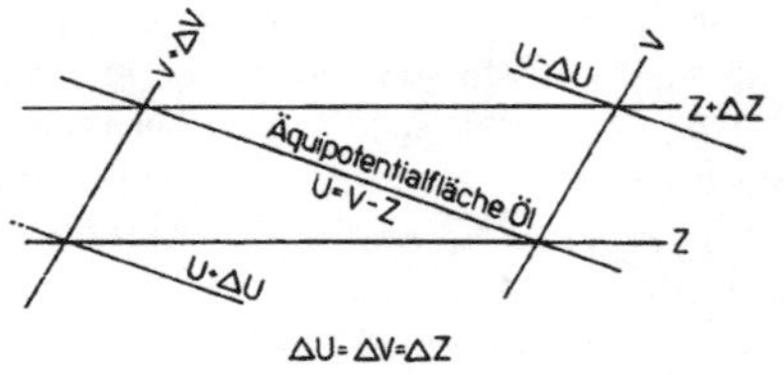

Abb. 1. Graphische Konstruktion der Äquipotentialfläche für Öl (nach K. HUBBERT, umgezeichnet)

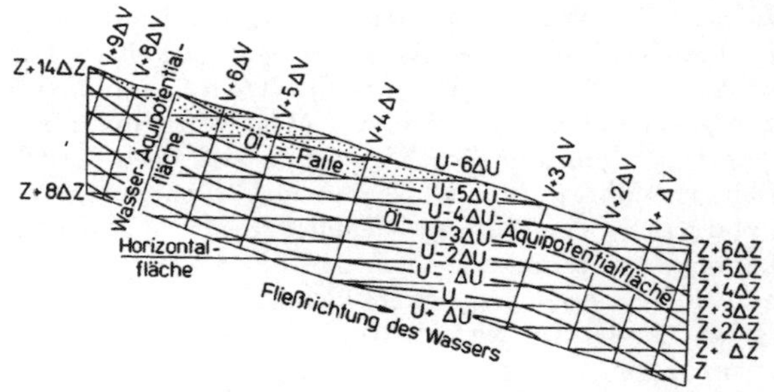

Abb. 2. Konstruktion der Äquipotentialflächen im Profil eines Erdölspeichers und Ermittlung der Lage der Falle (nach K. HUBBERT, umgezeichnet)

Hinzu kommt dann Elektroosmose wegen tellurischer Ströme. Die räumlichen Ableitungen dieser Glieder summiert ergeben dann die Gesamtkraft, die auf die Flüssigkeiten einwirkt und die Richtung des Flusses bestimmt.

Alles in allem ist es nicht nötig, die Einzelkomponenten zu kennen. Insgesamt vereinfacht sich dieses Problem zu einem geochemischen, das mit Hilfe von Bohrlochmessungen lösbar sein müßte. Eine Kombination von SP-, elektrischen und guten Porositätsmessungen müßte bei nicht zu schwierigen Verhältnissen (etwa tonigen Gesteinen) eine Kartierung der Salinität und damit der Wasserbewegung ermöglichen. Wo Möglichkeiten der direkten Bestimmung des Chemismus der Wässer vorliegen, müssen diese selbstverständlich auch genutzt werden.

Ist eine Lagerstätte angetroffen worden, läßt sich nach PIRSON aus drei Bohrungen die Neigung des Öl/Wasser-Kontakts bestimmen und der hydrodynamische Gradient ermitteln, selbst wenn das Randwasser nicht erbohrt wurde. Eine solche Kontaktfläche ist eine Fläche gleichen Kapillardrucks und bei einigermaßen homogenen Speichern auch eine Fläche gleicher Wassersättigung, die aus Bohrlochmessungen extrapoliert werden kann, da die Wassersättigung mit der Tiefe logarithmisch bis zum Öl/Wasser-Kontakt zunimmt.

Ein weiterer Versuch zur Klärung des hydrodynamischen Systems wurde von SHIGALIN (1967) mittels Altersbestimmung nach der He—Ar-Methode der im Wasser gelösten Gase unternommen, gemäß der Formel T = [He/Ar] · 77 · 10^6 Jahre (SAWTSCHENKO). Die Ergebnisse aus dem Vorkaukasusgebiet bestätigen im allgemeinen die hydrogeochemisch anderweit erhaltenen Erkenntnisse, aber mögliche Nebeneinflüsse, z. B. zusätzliche He- oder Ar-Quellen, ergeben doch größere Streuungen (Abb. 4).

Tab. 2. Erhaltungszustand der Fossilien im Gestein und dessen Zuordnung zu den Diagenesegruppen N_1 bis N_6 (nach CORREIA)

Gr.	Sporen, Pollen	Dinoflagellaten Hystrichosphäriden Acritarchae	Chitinozoen	Bruchstücke
N_1	Körpermembr. hell, Skulptur Triletes hell, gut sichtbar	durchscheinend hellgelb, Appendizes gut sichtbar	hellgelb, braun durchscheinend, innere Struktur sichtbar	hellgelb, braun Kutikulen, Tracheiden gut erhalten
N_2	Körpermembr. orange, rot, Triletes trüb	durchsichtig, nach braun tendierend, Appendizes trüb	wie oben	wie oben
N_3	Körpermembr. braun, Triletes opak	braun, Append. stark getrübt	stark getrübt	Trübung aller Konturen
N_4	— alle Körper opak	opak, die App. schwarz	dunkel, Hals opak, spröde, Dreiteilung	opak Konturen gut, noch erkennbar
N_5	unbestimmbare braune Kügelchen	polyedrische dunkle Körper	dunkel, kaum morphologische Kennzeichen, stark brüchig	braun und schwarz, ohne erkennbare Konturen
N_6	nichts Bestimmbares		amorph, schwarz	

3. Diagenese und Erdölführung

Weitere Untersuchungen zur Lagerstättenprognose betreffen die Feststellung des Diagenesegrades der Gesteine, ablesbar am organischen Inhalt, und Auswertung mit Hilfe der bekannten Carbon-ratio-Theorie. Die Bestimmung der flüchtigen Bestandteile, die größere

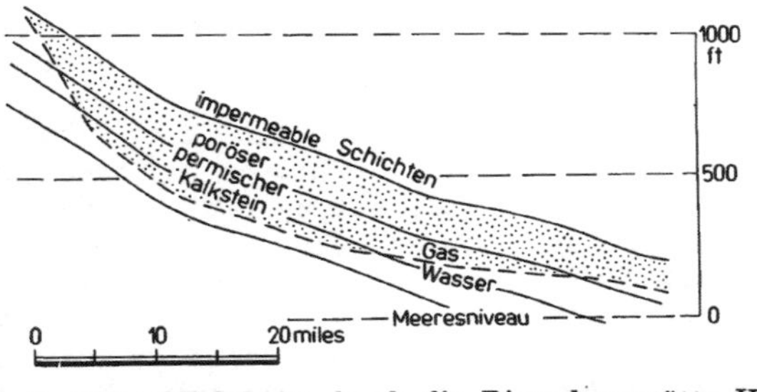

Abb. 3. NW—SE-Schnitt durch die Riesenlagerstätte Hugoton (USA), einer hydrodynamisch gehaltenen Gasakkumulation (nach PORTER & HOYT, aus HUBBERT, umgezeichnet)

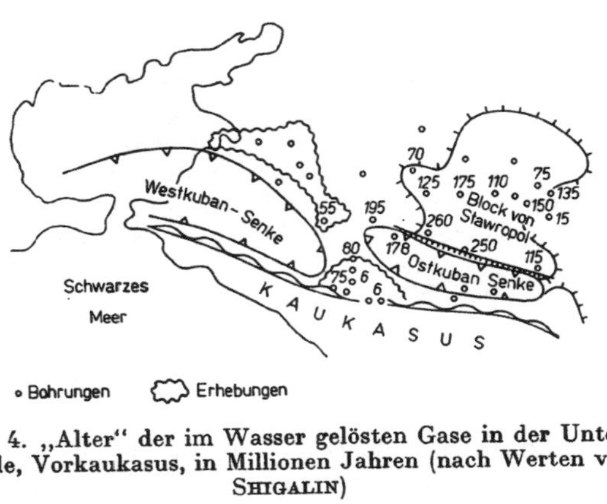

Abb. 4. „Alter" der im Wasser gelösten Gase in der Unterkreide, Vorkaukasus, in Millionen Jahren (nach Werten von SHIGALIN)

Substanzmengen erfordert, kann durch Reflexionsmessungen an Vitriten ersetzt werden, und wo auch hierfür geeignete Substanzen nicht zur Verfügung stehen, durch chemische Bestimmung des Oxydationsgrades mittels des Reduktionsvermögens der organischen Substanz. Noch nicht geklärt jedoch ist der Einfluß des Nebengesteins und des Grades der Verteilung der organischen Substanz auf den Inkohlungs- oder Bituminierungsprozeß. Diese Untersuchungen werden im Augenblick durch die Sektion Geowissenschaften der Bergakademie Freiberg durchgeführt. Es zeigt sich aber jetzt schon, daß die Darstellung der Diagenese durch nur einen Parameter fehlerhaft sein kann.

Zu den Diageneseuntersuchungen hat CORREIA (1967) vom Französischen Erdölinstitut einen weiteren Beitrag in Form der Bestimmung des Erhaltungszustands organischer Reste geliefert. Wie Abb. 5 und die Tab. 2 und 3 zeigen, ergibt sich eine gute Übereinstimmung zwischen dem Erhaltungszustand der organischen Substanz und der Kohlenwasserstoffführung der Schichten. Aber auch hier müssen vermutlich noch die Nebeneinflüsse (Nebengestein, Verteilungsgrad) geklärt werden. Weiterhin wird es nötig sein, auch andere Diagenesekriterien, etwa Tonminerale, mit heranzuziehen.

4. Geochemie

Da Verf. über die Möglichkeiten der geochemischen Erkundungsverfahren schon mehrfach berichtet hat, soll nur kurz darauf eingegangen und nur einige Aspekte erwähnt werden. Für die Tiefenerkundung fallen bei den gegebenen Bedingungen Oberflächenmethoden weitgehend aus. Es bleiben danach die Geochemie der Wässer, der gelösten Gase und anderer organischer Substanzen und der adsorbierten Stoffe.

In bezug auf die Wassergeochemie fanden GUSALO & KRIWOSCHEJA (1963) erhöhte Gehalte an Strontium über und in der Nähe von Lagerstätten. Für das Wolga—Ural-Gebiet berichten sie, daß das Verhältnis Sr : Σ_{Min} (Gesamtmineralisation) höffige Zonen anzeigt, wenn es $> 0{,}04$ in karbonischen und $> 0{,}06$ in permischen Schichten ist. Wie weit dieses Kriterium überhaupt anwendbar ist, muß sich noch zeigen, da Sr kein unabhängiger Indikator ist. In einigen Beispielen fanden sich erhöhte He-Gehalte in den Wässern über Lagerstätten.

Unsere Erfahrung lehrt, daß auch der Stickstoff als Erkundungskriterium von Bedeutung sein kann. Bei der vertikalen Migration (z. B. vom Zechstein zum Buntsandstein) reichert sich N_2 im Verlauf des Migrationsweges an. Die Ursache dafür ist, daß die Entlösungsdrücke der einzelnen Komponenten der im Wasser gelösten Gase recht unterschiedlich sind. Bei Erreichung des Entlösungsdrucks werden die Komponenten frei.

Tab. 3. Korrelation Inkohlung — Erhaltung

Braunkohlen, jüngste Gasflammkohlen:	N_1
Ältere Flammkohlen (sub bituminous)	N_2
Fett- bis Magerkohlen (bituminous)	N_3, N_4
Semianthrazit	N_5 (N_4)
Anthrazit	N_6

Das gleiche wie im System Zechstein—Buntsandstein der DDR kann man auch im System Oberkarbon—Rotliegendes erwarten. Stickstoffreiche Gase können daher ein Kriterium für Lagerstätten in größerer Tiefe sein.

Ein schönes Beispiel lieferten auch SINJAWSKI & BUSEL (1967) aus Tatarien. Der Entlösungsdruck für N_2 beträgt hier 70—80 at. In den Hochlagen der karbonischen Schichten treten über Öllagerstätten freie Stickstoffgase mit Methangehalt auf, und zwar in einer Tiefe von 500—800 m! Das entspricht also genau dem Entlösungsdruck. Da Methan ähnliche Entlösungsdrücke hat, muß auch Methan mit auftreten. Sind keine Öllagerstätten vorhanden, bestanden in Tatarien die angesammelten Gase zu 99% aus biogenem Stickstoff.

Zu den geochemischen Verfahren sind auch Strahlungsmessungen zu rechnen, deren Bedeutung für die Erdölerkundung noch immer stark umstritten ist. Die vielen störenden Einflüsse in Oberflächennähe lassen auch oft eine Interpretation nicht zu. Wie bei anderen geochemischen Verfahren verspricht auch hier die Tieferlegung des Erkundungsniveaus einen Erfolg. Die bisherigen Arbeiten (z. B. PIRSON 1963, DALÜGGE 1966) haben gezeigt, daß die γ-Strahlung der Tongesteine über Lagerstätten vermindert ist. Die Ursache dafür ist vermutlich, daß die Adsorptionsfähigkeit der Minerale für radioaktive Moleküle durch die Schutzwirkung migrierender Kohlenwasserstoffe vermindert wird. Diese Frage wird bei uns noch untersucht. Da der Einfluß der Kohlenwasserstoffe, wie sich gezeigt hat, auch noch 2000 m über der Lagerstätte zu beobachten ist, mit Annäherung an die Lagerstätte aber deutlicher wird, könnte in Tiefbohrungen mit Hilfe des Kontrastes der Werte über und außerhalb der Lagerstätte ein Gradient ermittelt werden, der in die Richtung der Lagerstätte weist. Es ist zu vermuten, daß die Schwächung der γ-Strahlung über Lagerstätten nur einige Komponenten der γ-Strahlung betrifft, z. B. die weiche Radiumstrahlung und die ^{40}K-Strahlung. In diesem Falle, dessen Realität aber augenblicklich ebenfalls noch untersucht wird, wären γ-spektrometrische Messungen in Bohrungen von außerordentlichem Wert. Durch die Arbeit von

Tab. 4. Feststellung des Punktwertes geologischer Parameter am Beispiel einer Unterabteilung der Abb. 6 (nach GOTAUTAS)

Beispiel: Unterabt. 1.1.1.	
h) Nachweis allseitigen Einfallens	30 P.
g) nachgewiesene Verwerfung	26 P.
f) mögliche Struktur wegen regional hoher Lage einer Bohrung	22 P.
e) Isopachenkarten zeigen mögliche Struktur	18 P.
d) Anomalie durch einkreisende Bohrungen wahrscheinlich	14 P.
c) Strukturkarte eines möglichen Speichers vorhanden	9 P.
b) zwei Profile geben Hinweis auf eine Struktur	5 P.
a) zusätzliche Kriterien	1 P.

$$c = \frac{a + (m - 1)\,p}{\frac{n}{2}\,[2a + (n - 1)\,p]} \cdot k$$

m — Stellennummer des Parameters; c — sein Punktwert; p — arithmetische Progression; k — Punktsumme der Sequenz; a — Punktwert des ersten Parameters; n — Zahl der Parameter in der Sequenz

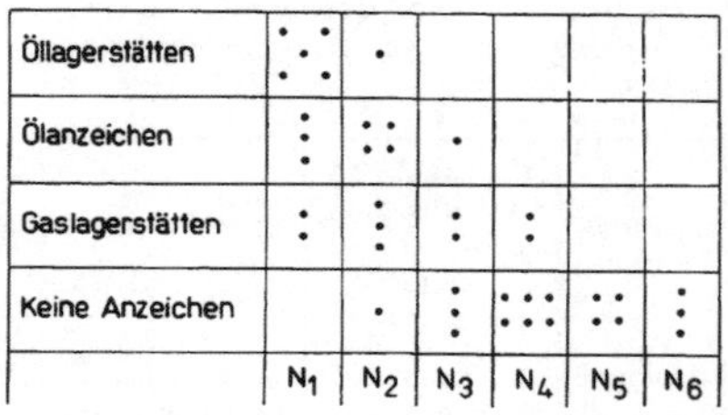

Abb. 5. Das Vorkommen von Kohlenwasserstoffen in Gesteinen der Diagenesegruppen N_1 bis N_6 (nach dem Erhaltungszustand der Fossilien ermittelt) (nach CORREIA)

LÖTSCH (1965) bestehen dafür bereits Voraussetzungen. Man würde dann aussagekräftigere Kontrastanomalien der bestimmenden Strahlungskomponenten erhalten.

Der lithologische Einfluß bedarf noch weiterer Untersuchungen, die jetzt angelaufen sind. Wenn auch eine Reihe von Fragen zu diesem Komplex noch weiterer Arbeiten bedarf, so rechtfertigen die bisherigen Ergebnisse doch die Anwendung der Methode in der Praxis. Sie benötigt saubere γ-Messungen und γ-spektrometrische Messungen in Bohrungen, verursacht also minimale zusätzliche Kosten.

5. Numerische Höffigkeitsermittlung

Die Faktoren, die in die Beurteilung der Höffigkeit eingehen, sind sehr vielfältig und in ihrer Zusammenwirkung schwer überschaubar. Es wurde deshalb mehrfach versucht, numerische Größen für die Beurteilung eines Gebietes zu finden. Ein Vorschlag, der auch entsprechend Literaturberichten (GOTAUTAS 1963) wirklich angewendet wurde, gibt dem Gesamtprospekt eine bestimmte Punktzahl, die sich gleichmäßig auf die beiden Aspekte Erforschungsgrad der Fallen und Nachweis von Kohlenwasserstoffen verteilt (Abb. 6). Diese beiden Kategorien sind wieder in Unterkategorien, Unterabteilungen und Spezialaspekte eingeteilt, von denen jeder eine bestimmte Punktzahl zugeordnet ist. Die Parameter in den einzelnen Untergliederungen erhalten eine bestimmte Wertfolge und sind in einer Reihe angeordnet. Die zugeordneten Punktwerte steigen in dieser Folge in einer arithmetischen Progression derart, daß sich insgesamt die vorgesehene Gesamtpunktzahl für die betreffende Untergliederung ergibt. Ein Beispiel für die Untergliederung des Aspektes: „Erforschung der Oberfläche und des Untergrundes durch geologische Kartierung" gibt Tab. 4. Die mathematische Verarbeitung in der Form, wie sie in Tab. 4 angegeben wurde, ergibt Wahrscheinlichkeitsfaktoren für einzelne Kategorien, die, miteinander multipliziert, eine Gesamtwahrscheinlichkeit ergeben. Dieser so errechnete Faktor wird dann in eine ökonomische Wahrscheinlichkeitsrechnung eingesetzt, wobei die nötigen Risikofaktoren berücksichtigt werden, und man erhält als Endergebnis das Verhältnis des Minimalgewinns zum Investitionsrisiko.

Andere Vorschläge (z. B. BROWN 1961) wollen die geologische Entscheidung als stochastisches Problem behandeln und gehen dabei von der durch reine Wildcat-Bohrungen ermittelten Trefferwahrscheinlichkeit aus. Ein solches Verfahren ist nicht befriedigend, da die auch bei Wildcats verwendeten Informationen nach Menge und Gewicht außerordentlich unterschiedlich sein können. Sie lassen sich in einer einfachen stochastischen Formel nicht unterbringen.

6. Richtung der Entwicklung

Für den Direktnachweis mittels geophysikalischer Fernverfahren bestehen auch heute noch, trotz vieler gegenteiliger Meinungen, keine Aussichten. Die Unterschiede im physikalischen Verhalten zwischen Erdöl, Erdgas, Wasser, Gestein sind zwar theoretisch faßbar, aber die Wirkungen der Inhomogenitäten des Deckgebirges sind größer als die der zu messenden Effekte. Direkte Einflüsse der Lagerstätten machen sich aber geochemisch mit Anomalien bemerkbar, die den allgemeinen Störpegel überragen. Hierbei besteht das große Problem darin, Anomalien und Lagerstätten räumlich miteinander zu verbinden. Es erfordert die Kenntnis sehr vieler Parameter, die unbekannt sind und z. T. erst in einem sehr späten Erkundungsstadium bekannt werden. So bleiben also auch die geochemischen Verfahren zum größten Teil indirekte Verfahren. Aber wegen der grundsätzlichen Unterschiede der physikalischen und geochemischen Anomalien wird eine Kombination aus beiden einen wesentlichen Fortschritt in der Erkundung bringen. Das erfordert jedoch, daß die indirekten Verfahren weiterentwickelt werden. Dazu gehören umfangreichere Kenntnisse über die Lithologie der Gesteine aus Seismogrammen; deshalb ist ein noch intensiveres Studium der Wellendämpfung und Signalverzerrung durch die durchlaufenen Gesteine nötig, ferner die Ausarbeitung von Methoden, solche Parameter aus interessierenden Schichten möglichst störungsfrei zu erhalten. Das erfordert auch an der Aufnahmeseite einen verzerrungsfreien Empfang, besonders die Beherrschung der Ankopplungsbedingungen zwischen den einzelnen schwingenden Systemen. Das Problem liegt besonders in der Ankopplung Boden—Seismograph. Die Beherrschung der Verzerrungen im elektronischen System nützt dabei recht wenig, wenn das Hauptproblem nicht gelöst wird. Weiterhin nützen alle technischen Raffinessen der modernen Aufnahmetechnik

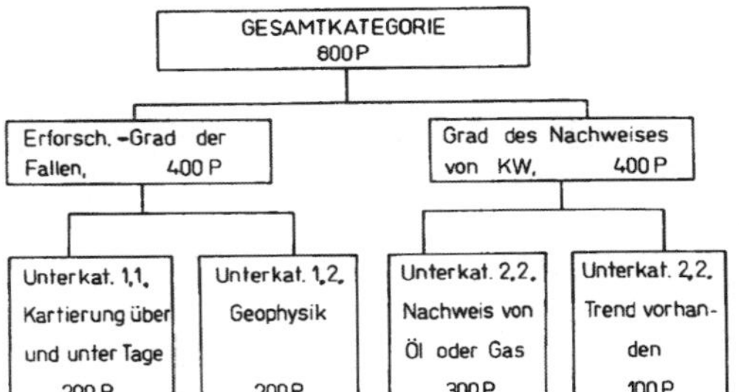

Abb. 6. Punktbewertung geologischer Erkundungsparameter nach dem Vorschlag von Gotautas

wenig, wenn nicht das große Problem der seismischen Geschwindigkeiten gelöst wird. Das ist vorwiegend wieder ein Problem der geologischen Inhomogenitäten, die derartig sind, daß sie Strukturen in größerer Tiefe erscheinen oder verschwinden lassen können.

Deshalb wird der häufige Einsatz des Bohrers auch in Zukunft notwendig sein. Die dabei gewonnenen punktweisen Aufschlüsse sind dann besonders durch Bohrlochmessungen so umfangreich wie möglich auszuwerten, um lithologische Daten, physikalische Kennwerte und geochemische Erkenntnisse zu gewinnen. Wenn man die durch Bohrlochmessungen gewonnenen Daten regional darstellt, daraus Gradienten und Tendenzen ermittelt, Ergebnisse extra- und interpoliert, dann kann man mit wesentlich verbesserten Kenntnissen über den Untergrund rechnen, die anderen Erkundungsmethoden zugute kommen. Eine hochentwickelte Bohrlochmeßtechnik ergibt die Grundlage für weitere Erkenntnisse; es wurde bei uns in der Vergangenheit dabei viel zu sehr gespart. Aber was man darin investiert, wird sich vielfältig bezahlt machen und unnötige Ausgaben ersparen helfen.

Weiter wird die quantitative Behandlung geologischer Probleme einen immer breiteren Raum einnehmen. Über die jetzt schon gebräuchliche Darstellung von Meßgrößen und ihre Verhältnisse hinaus wird es mehr und mehr nötig sein, durch Verarbeitung großer Datenmengen Konstanten und Variablen zu gewinnen. Bevor aber eine weitergehende Quantifizierung möglich ist, müssen die Geologen eine Auswahl treffen, welche Informationen wichtig, welche nebensächlich sind, und es muß stark abstrahiert werden. Dann ist zu untersuchen, welche ausgewählten Variablen nach den geologischen Überlegungen eine logische Verknüpfung zulassen und welcher Art die Verknüpfung sein wird, d. h., es sind geologische Modelle verschiedenster Art aufzustellen, die durch jede neuermittelte Gesetzmäßigkeit auf ihre Gültigkeit hin mathematisch zu prüfen sind. Es ist also nicht erforderlich, wie behauptet wurde, das geologische Denken über Bord zu werfen, im Gegenteil. Nicht die Mathematik wird anstelle der Geologie treten, sondern das geologische Denken wird die Grundlage bleiben, das geologische Denken, das eine Vielzahl möglicher Modelle aufstellt, die an jedem neuaufgetretenen Faktum geprüft, verworfen oder bestätigt werden. Auch in Zukunft wird nur der Geologe einen Computer ausreichend und mit Aussicht auf Erfolg füttern können, der den größten Schatz möglicher Modelle in seinem Gehirn gespeichert hat. Das menschliche Gehirn jedoch ist in bezug auf Speicherplätze noch immer jedem Computer überlegen.

Zusammenfassung

Die Erforschung tiefliegender Lagerstätten macht es nötig, aus einer geringeren Anzahl punktförmiger Aufschlüsse weitgehende Schlüsse zu ziehen. Wichtig ist in dieser Beziehung die Konstruktion des hydrologischen Systems. Fallen sind Zonen relativ kleinsten hydrodynamischen Potentials, die Potentiale lassen sich aus Druckbeobachtungen mittels der Methode von K. Hubbert kartieren. Weitere Methoden für die Erforschung der Hydrodynamik sind geochemische (Wasserchemismus) und geothermische Untersuchungen. Regional ausgewertete Eigenpotentialmessungen können ebenfalls Auskunft über Wasserchemismus und Wasserbewegung geben. Aus der Untersuchung der Wässer sind ferner die geochemischen Anzeiger für Kohlenwasserstoffe zu ermitteln, die direkte Hinweise auf Lagerstätten liefern. Vielversprechend sind Gammastrahlungsmessungen der Tonschichten. Über Lagerstätten ist die Strahlung der Tone vermindert. Gleichzeitige Gammaspektrometrie kann die Methode verbessern.

Versuche zur quantitativen Bestimmung der Höffigkeit zeigten einen gangbaren Weg mittels eines sinnreichen Punktsystems. Da direkte Methoden zur Aufsuchung von Erdöl mittels Geophysik nicht in Aussicht stehen, wird die Zukunft weiterhin verbesserten indirekten Verfahren im Zusammenhang mit geochemischen gehören.

Резюме

Исследование глубоко-залегающих месторождений требует, чтобы сделать выводы по незначительному количеству точечных обнажений. Важным является в этом отношении конструкция гидрологической системы. Ловушки — это зоны относительно малого гидродинамического потенциала, эти потенциалы картируются по наблюдениям давления с помощью метода М. К. Хубберта. Другими методами исследования гидродинамики являются геохимические (химизм воды) и геотермические исследования. Регионально интерпретированные измерения собственного потенциала могут дать также данные о химизме и движении воды. Из исследований воды вытекают также геохимические индикаторы углеводородов, которые являются геохимическими индикаторами месторождений. Многообещающими является γ-каротаж в глинистых отложениях. Над месторождениями γ-излучение глин уменьшается. Одновременная γ-спектрометрия может улучшить метод.

Попытки количественного определения перспективности указывали путь целесообразного использования системы точек. Так как прямых методов поисков нефти при помощи геофизики не предвидится, то будущее принадлежит также улучшенному косвенному методу, связанному с геохимией.

Summary

The exploration of deep-seated deposits necessitates to draw far-reaching conclusions from a minor number of point-shaped exposures. In this regard the construction of the hydrological system is an important feature. Traps are zones having the relatively smallest hydrodynamic potential, with the potentials mapped from pressure observations by means of K. HUBBERT's method. Other methods to be used in hydrodynamic research include geochemical (water chemism) and geothermal investigations. By a regional evaluation of self-potential measurements informations on the chemism and movement of water can also be obtained. Furthermore, geochemical indicators for hydrocarbons must be determined from water analyses, by which direct hints on deposits are provided. Gamma ray measurements of clay beds are full of promise. Clay radiation above deposits is reduced. The method can be improved by a simultaneous gamma spectrometry.

Attempts to determine prospects quantitatively showed a practicable way by means of a suggestive point system. As there is no chance for searching oil by direct geophysical means, improved indirect methods in connection with geochemical ones will take the leading part also in future.

Literatur

ASCHIROW, K. B.: Uslowija i masschtaby migrazii nefti i gasa suschtschestowawschie pri formirowanii mestoroshdenij srednogo Powolsh'ja. — Genesis Nefti i Gasa, Verl. Nedra, S. 467—476, Moskwa 1967.

MCAULIFFE, M.: Solubility in water of paraffin, cycloparaffin olefin-acetylene, cycloolefin and aromatic hydrocarbons. — Am. Chem. Soc. Div. Petrol. Chemistry, 9 (1962), Nr. 3, 275—287; siehe auch Nature, 20, 1092—1093, London 1963.

BAKER, E. G.: Distribution of hydrocarbons in petroleum. — Bull. AAPG, 46, 1, 76—84 (1962).

BROWN, B. W.: Stochastic variables of geologic search and decision. — Bull. Geol. Soc. Am., 72, 11, 1675—1685 (1961).

COOPER, J. E.: Fatty acids in recent and ancient sediments and petroleum reservoir waters. — Nature, 193, 744—746 (1962).

CORREIA, M.: Relations possibles entre l'état de conservation des éléments figurés de la matière organique et l'existence de gisements d'hydrocarbures. — Revue de l'Inst. Franç. du Pétrole, 22, 9, 1285—1306 (1967).

DALÜGGE, P.: Regionale Veränderungen der Gammastrahlung über Kohlenwasserstofflagerstätten. — Z. angew. Geol., 12, 6, 287—304, Berlin 1966.

GERSTENBERGER, W., & W. LÖTZSCH: Eine Apparatur zur γ-Spektrometrie in Bohrlöchern und erste Ergebnisse. — Isotopenpraxis, 3, 9, 375—379 (1967).

GOTAUTAS, V. A.: Quantitative analysis of prospect to determine whether it is drillable. — BAAPG, 47, 10, 1794—1812 (1963).

GUSALO, L. K., & W. A. KRIWOSCHEJA: Über die Bedeutung des Strontiums in Grundwässern der Dnjepr-Donez-Senke für die Öl- und Gassuche (russ.). — Neftegas. Geol. i Geofis. nautschnotechn. Sbornik, 3, 37—40 (1963).

HUBBERT, M. K.: Application of hydrodynamics to oil exploration. — Welt-Erdöl-Kongress Mexiko 1967, R. P. 4.

KOLODIJ, W. W.: Gidrogeologitscheskie uslowija neftegasonakoplenia w wostotschnoj tschasti Jushno-Kaspijskoj oblasti progibanija. — Genesis Nefti i Gasa, Nedra, S. 648—655, Moskwa 1966.

LÖTZSCH, W.: Neutroneinfang-γ-Spektrometrie zur Eisenerzerkundung (Bohrlochmodellversuche). — Z. angew. Geol., 11, 6, 298—305, Berlin 1965.

MEINHOLD, R.: Über den Zusammenhang geothermischer, hydrodynamischer und geochemischer Anomalien und deren Bedeutung für die Klärung der Entstehung von Erdöllagerstätten. — Z. angew. Geol., 14, 5, 233—240, Berlin 1968.

PIRSON, S. J.: Projective well log interpretation. — World Oil, 157, Nr. 5, 116—120; Nr. 6, S. 88—92 (1963).

— How to use well logs to seek hydrodynamically trapped oil. — World Oil, 100—109, April 1967.

SHIGALIN, B. I.: Wosrast podsemnych wod i prirodnych gasow mesosojskich otloshenij Asowo-Kubanskogo neftegasonosnogo bassejna. — Geol. Nefti i Gasa, 4, S. 42—47 (1967).

Der Einfluß von Schichtdruckänderungen bei der Verdrängung des Erdöls aus der Matrix klüftig-poröser Speicher durch kapillare Umverteilung

K. CH. TATASCHEW, UdSSR

In den letzten Jahren wurde den Fragen der Erhöhung der Erdölabgabe aus klüftig-porösen Speichern durch kapillare Imprägnierung der erdölgesättigten Matrix hydrophiler Gesteine mit eingepreßtem Wasser eine bedeutende Anzahl theoretischer und experimenteller Untersuchungen gewidmet (RYSHIK 1960, BOKSERMAN u. a. 1964, BERKS 1956, WESIROW u. a. 1963, GRAHAM u. a. 1953, MATTAX u. a. 1962). Die Ergebnisse dieser Arbeiten zeigen, daß der Abbau von Erdöllagern dieses Speichertyps durch Einpressen von Wasser besonders effektiv gestaltet werden kann. Dies kommt dank der Eigenschaften der dichten, schwachpermeablen erdölgesättigten Gesteinsblöcke (Matrix) zustande, die durch ein Netz kommunizierender Klüfte zergliedert werden und die in der Lage sind, Wasser auszusaugen und ein gleichgroßes Erdölvolumen freizusetzen.

Die in den obengenannten Arbeiten abgeleiteten Gleichungen und Laborversuche hinsichtlich der kapillaren Umverteilung in den Gesteinsproben gestatten,

Aus: „Geologija nefti i gasa", H. 1, Moskau 1968.

sich den Mechanismus dieser Erscheinung ungefähr vorzustellen und die Rolle der sie beeinflussenden unterschiedlichen physikalischen Faktoren einzuschätzen. Jedoch werden in diesen Veröffentlichungen die Schicht-

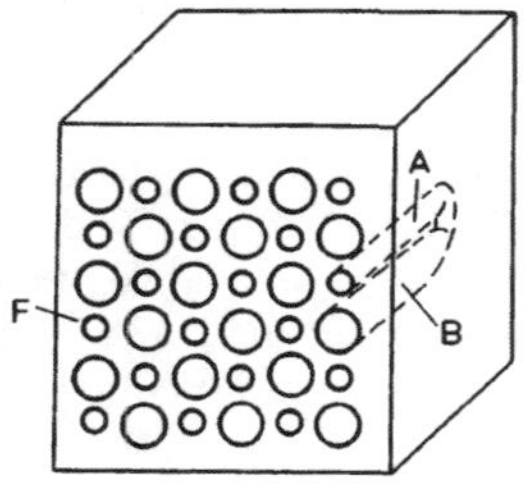

Abb. 1. Schema eines Blockes mit idealisierten kapillaren Porenkanälen (zur Erklärung des kapillaren Umverteilungsprozesses)

bedingungen, unter denen dieser Prozeß abläuft, nicht berücksichtigt. Das erschwert die Anwendung der Gleichungen bei der Realisierung des Abbaus von Erdöllagern. Bei der Einführung dieser Methode ist die Frage, wie sich eine häufige Veränderung des Schichtdrucks auf das Tempo einer beständigen (stationären) Umverteilung und folglich auf ein stabiles Erdölförderniveau auswirkt, sehr wichtig. Die in der Literatur (TAIROW 1957, KOTSCHESCHKOW 1959) vorhandenen Angaben über den Einfluß des Drucks auf die einzelnen Komponenten, die das Entstehen der Kapillarkräfte bedingen (Grenzflächenspannung, Kontaktwinkel, vorwiegende Benetzbarkeit der Oberfläche der festen Phase), haben mit dieser Frage nichts gemein.

Nach gegenwärtigen Vorstellungen (RYSHIK 1960, ENRIGHT 1962) wird die kapillare Gegenstromverdrängung des Erdöls durch Wasser (kapillare Umverteilung, d. Red.) aus den Gesteinsblöcken durch das Vorhandensein von kommunizierenden, kapillaren Porenkanälen unterschiedlichen Durchmessers in ihnen ermöglicht. Bei der Berührung des Wassers mit der Blockoberfläche, die von Kapillarkanälen durchsetzt ist, entsteht in letzteren ein Kapillardruck, der eine Absorption des Wassers anstrebt. Bedingt durch die unterschiedlichen absoluten Werte des Kapillardrucks in den verschiedenen Kanälen (hervorgerufen durch unterschiedliche Kanaldurchmesser) müssen zwischen ihnen Kapillardruckgradienten auftreten, deren Vektoren in Richtung der Kanäle mit dem größeren Durchmesser (des geringen Drucks) weisen. Unter dem Einfluß eben dieser Gradienten entsteht im Gesteinsblock (Matrix) ein Gegenstrom des Wassers und des Öls.

Die obendargelegte Vorstellung über den Mechanismus dieses Prozesses wird in Abb. 1 wiedergegeben, die das Schema einer einseitigen linearen Umverteilung aufzeigt (dabei wird angenommen, daß die Blockwände, außer F, undurchlässig sind).

Man stelle sich vor, daß zwei Kapillarkanäle A und B mit den Durchmessern d_A und d_B so miteinander verbunden sind, wie in Abb. 1 dargestellt. Die Kanäle sind mit Erdöl gesättigt, das sich mit dem Haftwasser im kapillaren Gleichgewicht befindet. Zu irgendeinem Zeitpunkt kommt die Blockoberfläche F mit der Wasserphase in Berührung. Dabei treten gleichzeitig in den Kanälen A und B die Kapillardrücke P_{AK} und P_{BK} auf (Abb. 2), die eine Wassersorption fördern. Da aber $d_A < d_B$ ist, wird offensichtlich $P_{AK} > P_{BK}$ sein; folglich wird das Wasser nur in den Kanal A gesaugt unter gleichzeitiger Verdrängung des Erdöls durch den Kanal B. Dabei wird das Tempo der Umverteilung bei gleichbleibenden Nebenbedingungen vom Kapillardruckgefälle bestimmt:

$$P_{AK} - P_{BK} = \Delta P_{\text{kap.}} \tag{1}$$

Aus der Gleichung (1) und den Abb. 1 und 2 geht hervor, daß die Effektivität der Erdölverdrängung durch das Wasser bei der kapillaren Umverteilung um so höher ist, je breiter der Bereich mikroskopischer Inhomogenität der Matrix ist.

Es ist zu vermerken, daß bei gewöhnlichen porösen Schichten, die nicht von Klüften durchsetzt sind, in denen die Filtration lediglich unter dem Einfluß hydrodynamischer Druckgradienten vor sich geht, die umgekehrte Schlußfolgerung für gerechtfertigt gilt.

Eine charakteristische Besonderheit bei der Drainage klüftig-poröser Speicher ist bekanntlich (BARENBLATT u. a. 1960) die Existenz unterschiedlicher hydrodynamischer Drücke in der Matrix und im Kluftsystem (Abb. 2). Nehmen wir an, daß zum Zeitpunkt der Berührung der Blockoberfläche F (Abb. 1) mit der Wasserphase der Druck in letzterer P_m sei, während im System der Kanäle A und B der Druck P_B (Abb. 2) herrscht. Dabei sind folgende Fälle möglich:

1. $P_m = P_B$;
2. $P_m > P_B$;
3. $P_m < P_B$;

Der erste Fall ist für den Prozeß der kapillaren Umverteilung am günstigsten, weil hier ein entgegengesetztes hydrodynamisches Druckgefälle fehlt:

$$P_m - P_B = \Delta P_{\text{hydrodyn.}} = 0 \tag{2}$$

Der zweite Fall ist der interessanteste, da sich unter realen Bedingungen beim Einpressen von Wasser in erster Linie der Druck im Kluftsystem erhöht und er offensichtlich höher ansteigen muß, als der Schichtdruck vor Beginn des Flutens war. In diesem Fall (Abb. 2) ist die Verdrängung des Erdöls auf dem Weg

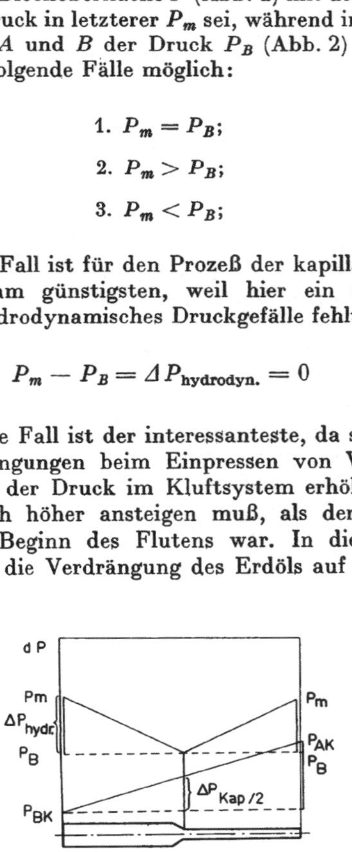

Abb. 2. Schnitt der Kapillare. Verteilung des Kapillardrucks und des hydrodynamischen Drucks in den kapillaren Porenkanälen

der kapillaren Tränkung des Kanals A mit Wasser nur bei Einhaltung folgender Ungleichung möglich:

$$P_m - P_B = \Delta P_{\text{hydrodyn.}} < \Delta P_{\text{kap.}/2} \quad (3)$$

Bei $$P_m - P_B = \Delta P_{\text{hydrodyn.}} \geq \Delta P_{\text{kap.}/2} \quad (4)$$

wird der Umverteilungsprozeß infolge von Verklemmung der Fluide im Kanalsystem A und B nicht vonstatten gehen. In realen Schichten wird sich der Effekt der letzten Ungleichung dadurch ausdrücken, daß das Wasser mit hoher Geschwindigkeit durch das Kluftsystem strömt, ohne dabei nutzbringende Arbeit zu leisten. Die Verwässerung der Bohrungen wird sehr stark sein, wobei der Volumenzuwachs des in der wasserfreien Periode geförderten Erdöls unwesentlich bleibt.

Im dritten Fall ist die Umverteilung unter der Bedingung

$$-(P_m - P_B) < \Delta P_{\text{kap.}/2} \quad (5)$$

möglich.

Bei $$-(P_m - P_B) = [\Delta P_{\text{hydrodyn.}}] > \Delta P_{\text{kap.}/2} \quad (6)$$

wird eine gewöhnliche Drainierung des Blockes unter dem Einfluß des hydrodynamischen Druckgradienten vor sich gehen, dessen Vektor im vorliegenden Fall zur Oberfläche F weist. Es gilt zu vermerken, daß die Ungleichungen (5) und (6) für die von uns zu behandelnden Bedingungen nicht charakteristisch sind. Sie besitzen lediglich in der sondennahen Umgebung Gültigkeit, wo eine bedeutende Druckabsenkung im Kluftsystem zu beobachten ist.

Es muß darauf hingewiesen werden, daß sich die Zeichen der Ungleichungen (3) und (5), die die Ablaufbedingungen des Umverteilungsprozesses ausdrücken, in dem Maße, wie sich die Kanäle der Matrix mit der benetzenden Phase mehr und mehr sättigen, umkehren können, was zum Abbruch der weiteren Ölverdrängung in das Kluftsystem führen wird. Tatsächlich bestehen zwischen dem Kapillardruck und dem Sättigungsgrad der Poren durch die benetzende Phase Abhängigkeiten, die den in Abb. 3 aufgeführten ähneln.

Wie ersichtlich ist, können sich bei einer Veränderung des Anteils der benetzenden Phase vom ursprünglichen (Haftwasser) bis zum endgültigen die Kapillardrücke im Vergleich zum initialen Niveau um ein Mehrfaches verringern.

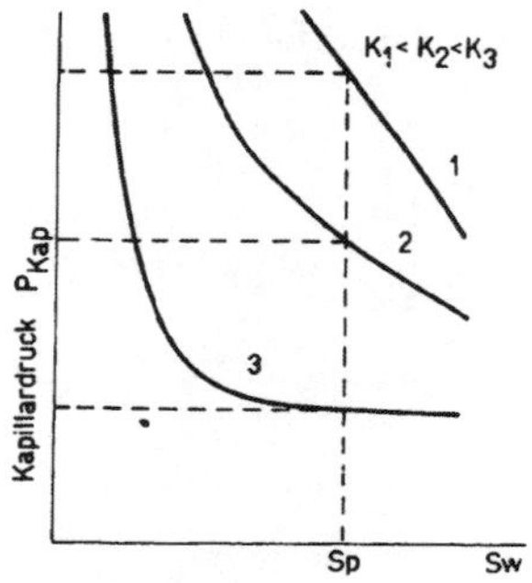

Abb. 3. Wassersättigung % W_{por}... Typische Abhängigkeitskurven zwischen Kapillardruck und Wassersättigungsgrad

Betrachten wir noch einmal das System der Kanäle A und B (Abb. 1 und 2). Da die benetzende Phase nicht in den Kanal B eindringt (dabei wird das Eindringen durch die Oberfläche F verstanden), muß der Kapillardruck P_{BK} über die Zeit konstant bleiben, während P_{AK} entsprechend der Abhängigkeit „Kapillardruck—Sättigungsgrad" (Abb. 3) abnehmen muß. Infolgedessen verringert sich auch das Kapillardruckgefälle $\Delta P_{\text{kap.}}$. Es kann sich ergeben, daß bei Erreichen irgendeines Sättigungsgrads S_p (Abb. 3) die linken Seiten der Ungleichungen (3) und (5) die rechten übersteigen und entsprechend den Ungleichungen (4) und (6) der Umverteilungsprozeß beendet wird.

Es erhebt sich die Frage, ob sich dieser Prozeß nicht erneuern läßt, wenn man in der Schicht solche Bedingungen schafft, die den Ungleichungen (2), (3) oder (5) entsprechen. Wenn ein Gesteinsblock (Matrix) von einer Wasserphase umgeben wird, in der so ein Druck herrscht, daß die Ungleichung (4) erfüllt ist, dann unterliegen unter dem Einfluß des hydrodynamischen Druckgefälles sowohl die die Matrixporen sättigenden Fluide als auch das poröse Medium einer Komprimierung. Das Volumen des Matrixblocks wird sich dabei praktisch nicht verändern. Aus diesem Grunde wird über die gesamte Oberfläche in den Block zwangsläufig Wasser in dem gleichen Umfang einfließen, wie die summarische elastische Veränderung der Erdöl- und Haftwasservolumina und des porösen Mediums ausmachen.

Wenn man berücksichtigt, daß die Depression des hydrodynamischen Drucks auf die Matrix nicht groß ist, kann man die Abhängigkeit zwischen letzterer und den Elastizitätskoeffizienten des Erdöls, des Wassers und des porösen Mediums als etwa linear annehmen. Somit läßt sich für die Bestimmung des zwangsläufig in einen Block eingedrungenen Wasservolumens folgender Ausdruck ableiten:

$$W = m \cdot V_{Bl} \cdot \Delta P_{\text{hydrodyn.}}$$
$$\left\{[\beta_{\text{Öl}}\sigma_{\text{Öl}} + \beta_W \cdot \sigma_W - \beta_G \ (\sigma_{\text{Öl}} + \sigma_W)] + \frac{\beta_G}{m}\right\} \quad (7)$$

Dabei sind:

W	—	das Volumen des über die gesamte Oberfläche in den Block eingedrungenen Wassers;
m	—	die Porosität des Blocks;
V_{Bl}	—	das Volumen des Blocks;
$\Delta P_{\text{hydrodyn.}}$	—	das hydrodynamische Druckgefälle;
$\beta_{\text{Öl}}, \beta_W, \beta_G,$	—	entsprechend die Kompressibilitätskoeffizienten für Erdöl, Wasser und poröses Medium;
$\sigma_{\text{Öl}}, \sigma_W$	—	der Sättigungsgrad der Matrixporen mit Erdöl und Wasser.

Bei Kenntnis der geometrischen Form des Gesteinsblocks läßt sich unter den Bedingungen einer Isotropie der physikalischen Gesteinseigenschaften die Stärke der Wasserschicht bestimmen, die eine Blockierung der Fluide bewirkt. Für die kubische Blockform gilt

$$\tilde{l} = \frac{W}{6a^2 \tilde{n} \sigma_W} = \frac{W}{6a^2 m \sigma_W} \quad (8)$$

wobei $\tilde{l}$ — die mittlere Stärke der Wasserschicht, a — die Kantenlänge des Würfels, $\tilde{n}$ — die mittlere lichte Weite bedeuten.

Nehmen wir an, daß zwischen der Matrix und dem Kluftsystem ein Druckausgleich stattgefunden hat oder die Druckdifferenz die Ungleichung (5) erfüllt. Es läßt sich nachweisen, daß in diesem Fall der Prozeß der Erdölverdrängung durch kapillare Umverteilung nicht in dem Tempo vonstatten geht, als wenn das zwangsweise eingedrungene Wasser W fehlen würde. Da das Gestein hydrophil ist, führt die Erhöhung der Wassersättigung der Poren um die Größe W, entsprechend den Abhängigkeiten der Phasenpermeabilitäten vom Sättigungsgrad der benetzenden Phase, in der Tat zu einer Verringerung der Phasenpermeabilität des Erdöls.

Wenn aber zwischen W und den die Matrix sättigenden Fluiden kein kapillares Gleichgewicht eingetreten ist, dann wird die Wasserschicht $\bar{l}$, die infolge der entstehenden kapillaren Zurückhaltung nicht (völlig) aus den Poren gedrängt werden kann, der Verdrängung des Erdöls Widerstand entgegensetzen. Eine nachfolgende Veränderung der Bedingungen in der Schicht erhöht den Einfluß seitens des eindringenden Wassers, da dessen Volumen ja immer größer wird. Somit endet also der Prozeß der kapillaren Umverteilung mit der Schaffung von Schichtbedingungen, die den Ungleichungen (4) und (6) entsprechen. In der Folgezeit, bei Restaurierung von Bedingungen in der Schicht, die den Ausdrücken (2), (3) und (5) entsprechen, kann er wieder aufleben, aber seine Effektivität wird niedrig sein.

Als Beispiel soll das Volumen des zwangsweise in einen Gesteinsblock kubischer Form eingedrungenen Wassers und die Stärke der Wasserschicht bei Vorlage folgender Ausgangsdaten berechnet werden: $m = 0{,}07$; $\beta_{Öl} = 25{,}2 \times 10^{-5}$ 1/at; $\beta_W = 4{,}2 \cdot 10^{-5}$ 1/at; $\beta_G = 2 \cdot 10^{-5}$ 1/at; $\sigma_{Öl} = 0{,}5$; $\sigma_W = 0{,}5$; $a = 40$ cm; $\Delta P_{\text{hydrodyn.}} = 2$ at, 6 at, 10 at, 20 at.

Die nach den Formeln (7) und (8) berechneten Werte W und $\bar{l}$ sind in der Tabelle aufgeführt.

$\Delta P_{\text{hydrodyn.}}$ (at)	W (cm³)	$\bar{l}$ (cm)	$\frac{W}{U_{\text{Gest.}}}$ (%)
2	3,7	0,011	0,082
6	11,1	0,033	0,247
10	18,5	0,055	0,297
20	37,0	0,110	0,827

Wie aus der Tabelle ersichtlich ist, besitzen W und $\bar{l}$ keine hohen Wertgrößen, was aber keinesfalls bedeutet, daß ihr Einfluß auf den Prozeß der kapillaren Umverteilung unwesentlich wäre. Man muß berücksichtigen, daß der Kapillardruck, der das selbständige Ansaugen des Wassers in die Gesteinsmatrix und das Verdrängen des Erdöls in umgekehrter Richtung hervorruft, seinem absoluten Betrag nach nicht hoch ist. In einer der Arbeiten (ENRIGHT 1962) wird darauf hingewiesen, daß er etwa 0,007 at betragen kann.

Aus dem Obengesagten folgt, daß der Prozeß des Wasseraufsaugens aus den Klüften in die Matrix des Gesteins und der Verdrängung des Erdöls aus ihr in umgekehrter Richtung durch die Depressionen des Kapillardrucks nicht als permanent betrachtet werden kann, sondern daß seine Effektivität nach jedem Zyklus der intermittierenden Durchführung sinken muß. Dabei ist die Effektivität der Verdrängung des Erdöls durch kapillare Umverteilung gemeint. Der Prozeß der Erdölverdrängung auf Kosten der Elastizität (durch Ausdehnung der Fluide und der porösen Matrix bei Druckabsenkung in den Klüften und Blöcken) nach jedem intermittierend durchgeführten Zyklus wird in diesem Artikel nicht behandelt.

Die unsererseits gezogene Schlußfolgerung bringt eine bestimmte Einschränkung bei der praktischen Anwendung der in den obenangeführten Arbeiten erhaltenen analytischen Abhängigkeiten mit sich. Mehr noch, sie stellt die Möglichkeit der Verwirklichung des Abbaus von Erdöllagern mit klüftig-porösem Speichertyp mit Hilfe einer stationären kapillaren Umverteilung des Erdöls durch einzupressendes Wasser in Zweifel. Zweifellos ist die Mechanik des Prozesses der kapillaren Umverteilung weitaus komplizierter als dargestellt. Außerdem wurde die Unbeständigkeit der Kapillarkanalquerschnitte nicht berücksichtigt, die einen wesentlichen Einfluß auf den Verlauf des Umverteilungsprozesses besitzen muß. Trotz allem behält die Schlußfolgerung bezüglich der Sensibilität des Umverteilungsprozesses gegenüber dem hydrodynamischen Druckgefälle ihre Gültigkeit. Davon zeugen auch die Resultate aus der Förderpraxis, die beim Fluten einiger Erdöllagerstätten mit klüftig-porösen Speichern, wie z. B. Chodshiabad (Usb. SSR) und Spraberry (USA) erhalten wurden (NASAROW u. a. 1959, ELKINS 1968, ENRIGHT 1962).

Das Erdöllager der Lagerstätte Chodshiabad ist an poröse, klüftige Kalksteine gebunden. Die Gesteinsmatrix ist dicht, mit einer Permeabilität von 1 bis 150 md und einer Porosität von 5 bis 25%. Die Lagerstätte wird unter exkonturalem Fluten abgebaut. Der Abstand zwischen den Einpreßsonden und der ersten Reihe der Produktionssonden beträgt 200 bis 250 m. Zu Beginn des industriellen Einpressens überstieg das Wasservolumen die Flüssigkeitsentnahme aus der Schicht nahezu um das 3fache, wodurch sich in kurzer Zeit der Schichtdruck bedeutend erhöhte. Die Produktionssonden begannen schnell zu verwässern, wobei die Verwässerung in dem Schichtbereich am stärksten war, wo sich der Schichtdruck bedeutend erhöht hatte (im Gebiet der ersten und zweiten Sondenreihe).

Ein ähnlicher Charakter der Sondenverwässerung wurde auch auf der Lagerstätte Spraberry beobachtet. Die Matrix des produktiven Sandsteins von Spraberry ist sehr dicht, mit einer Permeabilität unter 1 md und einer Porosität von 2,4 bis 13%. Der Sandstein ist von einem Netz kommunizierender Klüfte durchsetzt. In Anbetracht der zu erwartenden niedrigen Erdölabgabe war vorgeschlagen worden, die Lagerstätte mit Hilfe flächenhaften Flutens unter Schaffung der Bedingungen für eine kapillare Umverteilung des Wassers in die dichte Gesteinsmatrix abzubauen (ELKINS 1968). Die für das Fluten ausgewählten Flächen wurden nach einem gleichmäßigen Netz von 400 × 400 m abgebohrt. Parallele Reihen von Einpreßsonden zerteilen die Flächen in 600 bis 1000 m breite Streifen. Der Abstand zwischen den Einpreßsonden in den Reihen beträgt 600 bis 2500 m.

Kurze Zeit nach Beginn des Wassereinpumpens begannen in den Feldesteilen, in denen sich der Druck bis zum Niveau des Initialschichtdrucks aufbaute, die Produktionssonden stark zu verwässern. Dabei bildete sich vor der fließenden Wasserfront kein Ölwall, wie das beim Fluten von Granularspeichern der Fall ist.

Ein derartiges Verhalten der Sonden auf den behandelten Lagerstätten kann man, ausgehend von den Besonderheiten des Speicheraufbaus, mit dem übermäßig hohen Wassereinpreßtempo erklären, bei dem das Gefälle des hydrodynamischen Drucks zwischen den Gesteinsblöcken und dem Kluftsystem wesentlich das kapillare Druckgefälle übersteigt, das das selbsttätige Aufsaugen des Wassers in die Matrix bedingt. Das führte anscheinend zur Blockierung des kapillaren Umverteilungsprozesses.

Die obendargelegten theoretischen Berechnungen und auch das beim Fluten der Lagerstätten Chodshiabad und Spraberry erhaltene Faktenmaterial geben die Grundlage für folgende Schlußfolgerung. Die Methode der Erdölverdrängung aus der dichten Matrix klüftig-poröser Speicher mit Hilfe ihrer stationären kapillaren Imprägnierung durch einzupumpendes Wasser kann bei übermäßig hohen hydrodynamischen Druckgefällen zwischen der Matrix und dem Kluftsystem nicht effektiv sein.

Die hier behandelte Frage wurde sowohl in der Sowjetunion als auch im Ausland weder theoretisch noch experimentell speziell beleuchtet; deshalb tragen die von uns gezogenen Schlußfolgerungen vorläufigen Charakter.

Literatur

Barenblatt, G. I., J. P. Sheltow & I. N. Kotschina: Über die Grundvorstellungen der Filtrationstheorie homogener Flüssigkeiten in den klüftigen Gesteinen. – PMM, Bd. XXIV, Ausg. 5 (1960).

Berks, D. S.: Theoretische Untersuchungen zur Ölabgabe aus klüftigen Kalksteinschichten bei der Verdrängung des Erdöls durch Wasser oder Gas. – Arb. IV. Internat. Erdölkongr., Bd. III, Gostoptechisdat (1956).

Bokserman, A. A., J. P. Sheltow & A. A. Kotscheschkow: Über die Bewegung nichtvermischbarer Flüssigkeiten im klüftig-porösen Medium. – DAN SSSR, Bd. 166 (1964).

Elkins, L. F.: Studies indicate Spraberry water flood will be profitable. – World oil, August 1968.

Enright, R. J.: Spraberry cyclical flood technique may net 500 million bbl. of oil. – The oil and gas Journ., 1, October 1962.

Graham, J. W., & J. G. Richardson: Theory and application of imbibition phenomena in recovery of oil. – Journ. Petrol. Technol., 2 (1963).

Kotscheschkow, A. A.: Der Einfluß des Druckes auf die kapillare Verdrängung flüssiger Kohlenwasserstoffe aus einem porösen Medium mit Hilfe von Wasser. – Hochschulnachr., Erdöl und Gas, 2 (1959).

Mattax, C. C., & J. R. Kyte: Imbibition oil recovery from fractured water-driver reservoir. – Soc. Petr. Eng. Journ. (1962).

Nasarow, S. N., M. Ch. Chakimow, M. Sachrutdinow & G. A. Aladshanow: Exkonturales Fluten der Karbonatspeicher der Lagerstätte Chodshiabad. – Volkswirtsch., 4 (1959).

Ryshik, W. M.: Über die kapillare Imprägnierung einer ölgesättigten hydrophilen Schicht mit Wasser. – Mechanika i maschinostrojenie, 2 (1960).

Tairow, N. D.: Der Einfluß von Druck und Temperatur auf die Oberflächeneigenschaften der Erdölspeichergesteine. – As. Erdölwirtsch., 4 (1957).

Wesirow, D. S., & A. A. Kotscheskow: Experimentelle Untersuchung des Erdölabgabemechanismus klüftig-poröser Speicher beim Fluten. – Mechanika i maschinostrojenie, 6 (1963).

Die Verteilung der organischen Substanz in den terrigenen Ablagerungen des Unteren Kambriums und Präkambriums im Irkutsker Amphitheater

D. I. Drobot, A. N. Solotow & B. W. Kornew, UdSSR

In Zusammenhang mit industriellen Erdöl- und Erdgaszuflüssen aus den terrigenen Ablagerungen der Sedimenthülle des Irkutsker Amphitheaters (südlicher Teil der Sibirischen Tafel) wurde die Frage aktuell, den Sucharbeiten auf Erdöl und Erdgas an Hand eines Komplexes von Kennziffern eine vorrangige Richtung zu geben. Eine Kennziffer für die Perspektive der Erdöl- und Erdgasführung in einem bestimmten Gebiet ist die Verteilung der organischen Substanz und der Bitumoide nach dem stratigraphischen Profil und über die Fläche hin sowie die Koordinierung dieser Daten mit der Paläotektonik.

Im S der Sibirischen Tafel bilden die terrigenen Ablagerungen die Basis des Profils der Sedimentbedeckung. Sie sind in der Zusammensetzung der Uschakow-Folge und der Nishnemot-Unterfolge vorhanden. In den anderen stratigraphischen Komplexen des Unteren Kambriums sind die terrigenen Gesteine sporadisch entwickelt, und ihre Mächtigkeit überschreitet nicht einige Meter.

Analoga der Uschakow-Folge der inneren Tafelabschnitte sind die Grauwackenfolge des Baikalgebiets und die Oselotschnaja-Folge des Sajangebiets. Die Sedimente der Folge lagern in den inneren Abschnitten der Tafel auf den Gesteinen des kristallinen Fundaments und auf den älteren Sedimentbildungen der Olcha-, Karagas- und Katschergat-Folge in ihrer Umrahmung. Das Alter der Uschakow-Folge ist nicht genau festgestellt. Am wahrscheinlichsten gehört sie zum Wend.

Ihre Zusammensetzung ist je nach der Entfernung vom Tafelrand zu ihren inneren Abschnitten erheblichen Veränderungen unterworfen. Die gröbsten Sedimente, im wesentlichen Sandsteine, Konglomerate und untergeordnet Schichten von Aleurolithen und Argilliten, sind in einem schmalen Streifen im Baikalgebiet entwickelt (konglomeratisch-gravelitisch-sandsteinartige Lithofazies). Lediglich für diesen Bezirk ist die Entwicklung einer sandsteinartigen Lithofazies charakteristisch, die die erstere nach der Tiefe des Amphitheaters hin ablöst und sie im Streichen vertritt. Im peripheren Tafelteil des Sajangebiets sind Sandsteine, Argillite und Aleurolithe entwickelt (argillitisch-sandsteinartige Lithofazies). In den inneren Abschnitten des Irkutsker Amphitheaters bauen miteinander wechsellagernde Argillite, Aleurolithe und untergeordnet Sandsteinschichten das Profil der Folge auf (sandig-argillitische Lithofazies).

In der gleichen Richtung verändern sich die Mächtigkeit und die Vollständigkeit des stratigraphischen Profils der Folge (Abb. 1). Die Mächtigkeit erreicht in der Umrahmung des Amphitheaters 1200 bis 1500 m. Sie nimmt bei Annäherung an die inneren Abschnitte bis auf 200 m und weniger schnell ab. Nach dem Material zu urteilen, das man bei der Elektroerkundung und beim Abteufen von Bohrungen erhielt, keilen die Ablagerungen der Uschakow-Folge in den zentralen Bezirken des Amphitheaters vollkommen aus.

Aus: „Geologija nefti i gasa", Nr. 10 (1967), S. 24–30.
Übers.: H. Stölzer, Berlin.

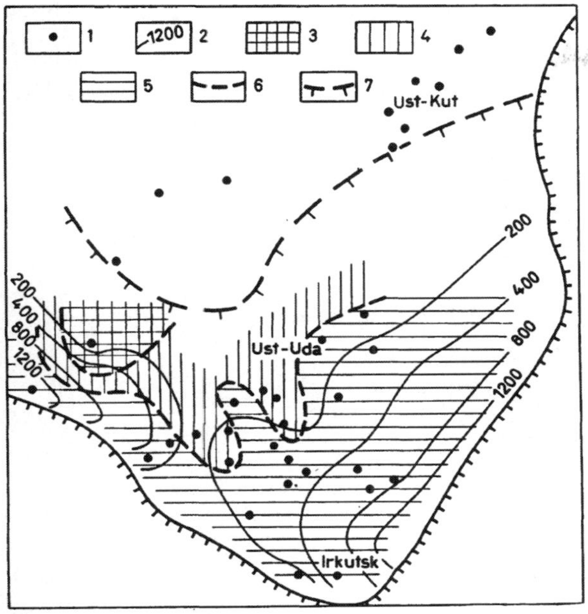

Abb. 1. Schema der Verteilung der Modalwerte und der Häufigkeit des Antreffens von Chloroform-Bitumoiden der III. bis IV. Gesamtheit in den Ablagerungen der Uschakow-Folge in Abhängigkeit von der Paläotektonik des Bezirks

1 – Tiefbohrungen; 2 – Isopachen der Folge; Zonen sekundären Bitumengehalts: 3 – hoch (Mo = 0,008 bis 0,04; n = 20%); 4 – mittel (Mo = 0,0012 bis 0,015; n = 25 bis 35%); 5 – niedrig (Mo = 0; n = 0%); 6 – Grenzen der Zonen; 7 – vermutete Grenze der Entwicklung der Folge im inneren Feld des Amphitheaters

Alle diese Materialien weisen auf eine Akkumulation von sandig-tonigen Bildungen in einem schwach salzigen Meeresbecken hin, das allmählich auf die Tafel transgrediert. Die Lokalisierung der maximalen Sedimentmächtigkeiten in einem schmalen Streifen der Tafelumrahmung spricht für das Vorhandensein einer Randsenke. Das Hauptspeisungsgebiet des Sedimentationsbeckens mit klastischem Material lag innerhalb der sich bildenden Orogene des Ostsajan- und des Baikalgebiets.

Die Nishnemot-Unterfolge ist an der Basis der unterkambrischen Ablagerungen über die gesamte Fläche des Amphitheaters hin entwickelt. In dessen Zentralteil liegt sie in Winkeldiskordanz auf den Gesteinen des Fundaments und in der Umrahmung auf den Bildungen des Wend-Komplexes. Für die Ablagerungen der Unterfolge ist die gleiche Richtung der Faziesvertretungen charakteristisch. Das wird durch den Wechsel von Graveliten und groben Sandsteinen mit feinkörnigeren Gesteinsvarietäten und durch die allmähliche Zunahme von Aleurolithen und Argilliten bei Entfernung von der Faltenumrahmung zur Mitte der Tafel hin unterstrichen.

Ein etwas ungewöhnliches Profil der Unterfolge ist im Lenagebiet (Abschnitt von Ust-Kut) und Kirensk zu beobachten. Hier wird die Unterfolge im wesentlichen von Argilliten aufgebaut, die mit Sandsteinen, Aleurolithen und Dolomiten wechsellagern (sandig-argillitische und dolomitisch-argillitische Lithofazies).

Die Ablagerungen der Unterfolge bildeten sich in einem Flachmeerbecken mit normaler, in einigen Abschnitten (Lenagebiet) mit erhöhter Salinität. In dem Streifen des Sajangebiets sind Deltabildungen nicht selten. Ein aktives Speisungsgebiet des Nishnemot-Beckens mit klastischem Material war das Ostsajangebiet.

Eine Analyse der Mächtigkeiten zeugt von der relativ gleichmäßigen Absenkung des gesamten südlichen Teils der Sibirischen Tafel. Ein intensives Abtauchen, das durch die Sedimentakkumulation kompensiert wurde, ist auf den Abschnitten Parfenowka—Shigalowo und im Ii—Oka-Zwischenstromland festzustellen. Ein anomal langsames Abtauchen ist innerhalb des Tulun- (Karasaj, Tulun) und Olcha—Sajan-Gebiets sowie im Gebiet zwischen Angara und Lena (Ust-Kut) zu beobachten.

Die Untersuchung der organischen Substanz (im folgenden OS genannt) in den Gesteinen des terrigenen Komplexes wurde im geochemischen Laboratorium des WostSib-NIIGGIMS an Kernmaterial aus Such- und Erkundungstiefbohrungen durchgeführt. Der quantitativen Bearbeitung der Analysedaten wurde ein vereinfachtes graphisches Verfahren der statistischen Bearbeitung des Materials zugrunde gelegt (Grigorjan 1964, Jufa 1964). Die Modal-, Median- und mittleren geometrischen Gehalte an organischem Kohlenstoff (C_{org}) und an Chloroform-Bitumoiden (CHB) wurden durch die Konstruktion von Variations- und Kumulationskurven und durch Ausgleichsdiagramme auf einer Wahrscheinlichkeitsschablone bestimmt.

Die Ergebnisse der mathematischen Bearbeitung des Materials zeigen, daß die C_{org}- und CHB-Werte im terrigenen Komplex mit dem lognormalen Verteilungsgesetz übereinstimmen. Die Summenverteilungskurven von C_{org} und CHB haben in der Mehrzahl der Fälle komplizierten Charakter und bestehen aus einer Kombination von zwei oder mehr lognormalen Kurven.

Tab. 1. Gemittelte Daten für den Gehalt an organischem Kohlenstoff in den sandig-tonigen Ablagerungen der Nishnemot-Unterfolge und der Uschakow-Folge des Irkutsker Amphitheaters

Flächen	Proben-anzahl	Durchschnittsgehalt, %				
		arith-met.	Me-dian	Mo der Gesamtheiten I	II	III
Uschakow-Folge (Aleurolithe und Argillite)						
Fluß Prawaja Uschakowka	56	0,90	0,38	0,40	2,5	–
Achiny, Korkino, Shigalowo	68	0,52	0,33	0,25	0,5	1,3
Atowka, Raduj	9	0,4	–	–	–	–
Biltschir, Osa, Parfenowka, Bochan	59	0,3	0,20	0,22	–	–
Tyretj, Kutulik, Tagna	34	0,23	0,11	0,1	1,3	0,7
Tulun, Asej, Tschebotarichin	14	0,31	0,12	–	–	–
Karasaj	61	0,27	0,20	0,22	–	–
Nishnemot-Unterfolge (Sandsteine und Aleurolithe)						
Fluß Prawaja Uschakowka	70	0,08	–	–	–	–
Achiny	77	0,44	0,29	0,37	–	–
Atowka, Raduj	32	0,3	0,21	0,13	0,4	–
Tyretj, Kutulik, Tagna	93	0,17	0,11	0,1	0,2	–
Tulun, Asej, Tschebotarichin	90	0,60	0,30	0,16	0,3	0,8
Karasaj	11	0,24	0,18	0,13	0,32	–
Shigalowo, Typta	3	0,5	–	–	–	–
Kasarka, Botschakta	60	0,55	0,33	0,40	–	–
Markowo	261	0,53	0,37	0,4	–	–
Kirensk, Kriwaja Luka	113	0,55	0,33	0,45	–	–
Biltschir, Osa, Parfenowka, Bochan	43	0,3	0,19	0,22	–	–

Zeitschrift für angewandte Geologie, Bd. 15 (1969), Heft 1

Tab. 2. Mittlere geochemische Kennziffern der dispersen organischen Substanz aus Gesteinen des Kambriums und Präkambriums des Irkutsker Amphitheaters

Folge, Unterfolge	Gesteine	Probenanzahl	Gehalt (in %) f. d. Gruppenzusammensetz. d. org. Substanz, % auf d. Gestein			CHB/DSBB			Komponentenzusammensetz. der Bitumoide, in %				
										Harze			
			OS	CHB „A"	DSBB „A"	CHB „A"	DSBB „A"	restliche OS	Öle	Benzol	Alkohol-Benzol		Asphaltene
	Felder von Markowo, Kirensk und Kriwaja Luka												
Nishnemot	Sandsteine	5	0,62	0,075	0,014	14,3	2,9	82,8	5,3	58,98	11,7	17,58	11,66
	Aleurolithe	4	0,5	0,039	0,027	8,2	5,8	86	1,4	44,49	19,05	18,15	18,3
	Argillite	3	1,08	0,076	0,032	6,9	2,8	90,3	2,4	33,8	7,4	23,74	35,06
	Feld von Achiny												
	Sandsteine	4	0,35	0,021	0,04	7,3	13,5	79,5	0,5	32,54	16,13	27,87	23 8
	Argillite	2	0,21	0,013	0,026	5,9	7,3	87	0,8	–	–	–	–
	Felder von Osa und Tyretj												
	Sandsteine	5	0,17	0,009	0,006	5,6	4,3	90,1	1,5	–	–	–	–
	Aleurolithe	4	0,16	0,006	0,004	5,2	2,5	92,3	1,5	–	–	–	–
	Argillite	4	0,21	0,006	0,045	3,2	2,5	94,3	1,3	–	–	–	–
	Feld von Achiny												
Uschakow	Sandsteine	3	0,25	0,013	0,055	3,8	30,2	65,9	0,2	18,2	17,8	37,6	26,27
	Aleurolithe	3	0,23	0,02	0,052	7,9	21,5	70,6	0,6	–	–	–	–
	Argillite	2	0,94	0,015	0,025	3	4,3	92,7	0,4	–	–	–	–
	Feld von Tyretj												
	Sandsteine	1	0,24	0,009	0,003	4,2	1,3	94,5	3	40,46	21,84	30,1	7,6
	Argillite	6	0,37	0,007	0,009	3,2	3,4	93,4	0,8	–	–	–	–

In den Gesteinen der Uschakow-Folge besteht der C_{org}-Gehalt aus zwei bis drei homogenen Gesamtheiten, was für eine mögliche Anreicherung der Gesteine mit epigenetischen Bitumoiden spricht. Eine Ausnahme bilden einige Abschnitte im Sajangebiet und in den zentralen Bezirken des Amphitheaters (Tab. 1). Die Gruppenzusammensetzung der OS[1]) der Gesteine ist sehr schwach untersucht. Es gibt lediglich für die Profile der Schichtenfolgen des Achiny- und des Tyretjfeldes Bestimmungen, wobei die Gruppenzusammensetzung der OS überaus unterschiedlich ist. Auf dem Achinyfeld wird die OS durch einen hohen Grad der Umwandlung gekennzeichnet (Tab. 2). Sie Summe der löslichen Komponenten (CHB und DSBB[2])) beträgt darin 7,0 bis 34%. Sie erreicht Maximalwerte in den Sandsteinen. Unter den Bitumoiden überwiegen die Alkohol-Benzol-Bitumoide (CHB/DSBB = 0,2 + 0,6).

Auf dem Tyretjfeld ist die OS der Gesteine an Bitumoiden (5,5 bis 7,0%) verarmt. Unter den bituminösen Komponenten in den Sandsteinen herrschen die Chloroform-, in den Argilliten die Alkohol-Benzol-Extrakte vor (Tab. 2). Die quantitative CHB-Verteilung wurde durch die Lumineszenzanalyse untersucht. Je nach dem Grad der Kompliziertheit der CHB-Verteilung werden drei Profilgruppen ausgeschieden (Tab. 3). Die erste Gruppe wird durch eine einfache unomodale Verteilung der Bitumoide gekennzeichnet (Achiny, Prawaja Uschakowka), die zweite Gruppe durch zweimodale (flächenmäßig am weitesten entwickelt), die dritte durch drei- und viermodale Verteilung (Sajangebiet, Bezirk Atowka, Raduj). Die komplexe geochemische Untersuchung der Bitumoide ergibt die Grundlage zum Vergleich der ersten Gesamtheit mit den syngenetischen, der zweiten mit den überwiegend syngenetischen und der dritten und vierten mit den vorherrschend epigenetischen Bitumoiden.

In Abhängigkeit von der Natur der Bitumoide verändert sich auch ihre Komponentenzusammensetzung (Tab. 2). Die syngenetischen Bitumoide sind durch einen niedrigen Ölgehalt (bis 18%) und durch hohe Asphaltenwerte (über 26%) gekennzeichnet. Die gemischten Bitumoide dagegen sind mit über 40% Ölen angereichert und an Asphaltenen verarmt (bis 7 bis 8%). Bei der Betrachtung der Elementarzusammensetzung der syngenetischen Bitumoide der Schichtenfolge ist eine erhebliche Menge heterogener Elemente zu beobachten, die 16,0 bis 28,5% erreicht.

Die Gruppenzusammensetzung der OS der Nishnemot-Ablagerungen wurde flächenmäßig eingehender untersucht (Markowo, Kriwaja Luka, Kirensk, Achiny, Osa, Tyretj). Ihre Zusammensetzung schwankt flächenmäßig erheblich in Abhängigkeit von der Lithologie der Nebengesteine. Auf alle Fälle ist die OS der Sandsteine und Aleurolithe, d. h. der durchlässigen Gesteine, in denen eine Migration der Kohlenwasserstoffe vor sich gehen konnte, am meisten mit löslichen Komponenten angereichert (Tab. 2). Der territoriale Unterschied in der Gruppenzusammensetzung der OS wird durch die Anreicherung oder Verarmung löslicher Komponenten der CHB im Vergleich zu den DSBB bestimmt. Nach diesen Merkmalen werden drei Bezirke ausgeschieden: das Lenagebiet, das durch starkes Vorherrschen von CHB (CHB/DSBB = 1,5 + 5,5) gekennzeichnet ist; das Baikalgebiet (Achiny), das durch einen erhöhten Gehalt an DSBB (CHB/DSBB = 0,50 + 0,8) charakterisiert wird; das Sajangebiet (Osa, Tyretj), das eine Zwischenstellung (CHB/DSBB = 1,3 + 1,5) einnimmt. Dabei ist für alle Bezirke in der OS ein fast gleicher Gehalt lös-

[1]) Beim Übergang von C_{org} zu OS wurde der Koeffizient 1,3 verwendet.
[2]) DSBB – Alkohol-Benzol-Bitumoide, die zusätzlich aus dem Gestein nach der Extraktion der Chloroform-Bitumoide erhalten wurden.

licher Komponenten bei einer gewissen Abnahme in den Bezirken Tyretj und Osa zu beobachten (Tab. 2).

Im Unterschied zu den unterlagernden Sedimenten sind in den Gesteinen der Nishnemot-Unterfolge die CHB der dritten und vierten Gesamtheit breiter entwickelt, was von ihrer stärkeren Sättigung mit epigenetischen Bitumoiden zeugt (Tab. 3). Am häufigsten sind die Bitumoide dieser Gesamtheiten im Lenagebiet (Kasarka, Markowo, Kirensk) und Tulun—Sajan-Gebiet (Karasaj, Asej, Tulun) und schließlich im Sajangebiet und in der Balychtin—Shigalowo-Zone anzutreffen. Im Baikalgebiet (Achiny, Petrowo, Prawaja Uschakowka) und im Bezirk Schelonino—Nukut fehlen die Bitumoide dieser Gesamtheit.

Die Komponentenzusammensetzung der CHB der Unterfolge unterscheidet sich ebenfalls etwas von den Bitumoiden der Uschakow-Folge und wird durch höhere Ölgehalte (32,5 bis 59%) gekennzeichnet. Der Gehalt an Asphaltenen ändert sich praktisch nicht (11,5 bis 35%). In der Elementarzusammensetzung der Bitumoide ist eine gewisse Abnahme der heterogenen Elemente (8,6 bis 14,6%) festzustellen. Der quantitative Gehalt an OS und ihrer löslichen Komponenten unterscheidet sich stark durch das flächenmäßige Nichtaushalten (Tab. 1 u. 3).

Für die Uschakow-Folge werden nach den arithmetisch gemittelten Median- und Modalwerten von C_{org} folgende vier Bezirke ausgeschieden (Tab. 1).

1. Das südöstliche Baikalgebiet (Fluß Prawaja Uschakowka und Bolschaja Goloustnaja) hat eine Gesamtfläche von 8000 km²; es wird durch den höchsten C_{org}-Gehalt in den Gesteinen charakterisiert.

2. Das zentrale Baikalgebiet (Achiny, Korkino) erstreckt sich parallel zur ersten Zone von SW nach NE in Form eines Streifens mit einer Breite von 45 bis 120 km. Die Gesamtfläche beträgt 18000 km².

3. Der innere Teil umfaßt das Irkutsker Amphitheater (Bochan, Osa, Biltschir, Atowka, Raduj, Typta) und einzelne Abschnitte des Sajangebiets (Karasaj). Der Bezirk wird durch mittlere C_{org}-Gehalte charakterisiert.

4. Das Sajangebiet (Kutulik, Tyretj, Chor-Tagna, Tulun) weist die niedrigsten C_{org}-Gehalte in den Gesteinen der Schichtenfolge auf. Die Fläche des Bezirks beträgt 23500 km².

Eine außerordentlich unterschiedliche flächenhafte Differentiation ist für CHB charakteristisch (Tab. 3, Abb. 1). Den Abschnitten maximaler C_{org}-Werte entsprechen minimale CHB-Kennziffern und umgekehrt. Eine annähernd gleiche Abhängigkeit ist auch für die Ablagerungen der Nishnemot-Unterfolge zu beobachten.

An Hand der OS-Werte in den Gesteinen der Nishnemot-Unterfolge wurden folgende fünf Bezirke ausgeschieden (Tab. 1):

1. Das Lenagebiet zwischen Shigalowo im S und Kasarka, Markowo, Kirensk im N weist mit einer Fläche von 58000 km² maximale C_{org}-Werte auf.

2. Das Baikalgebiet mit einer Fläche von 25000 km² ist durch erniedrigte C_{org}-Gehalte gekennzeichnet (Bochan, Achiny, Korkino).

Tab. 3. Mittlere Gehalte an Chloroform-Bitumoiden in den sandig-tonigen Ablagerungen der Nishnemot-Unterfolge und der Uschakow-Folge des Irkutsker Amphitheaters

Felder	Proben-anzahl	Mittlere CHB-Gehalte, %						Häufigkeit d. Antreffens v. Bitumoiden d. III.–IV. Gesamtheit, %
		arithmet. ($n \cdot 10^{-4}$)	Median ($n \cdot 10^{-4}$)	Mo der Gesamtheiten				
				I ($n \cdot 10^{-4}$)	II ($n \cdot 10^{-4}$)	III ($n \cdot 10^{-2}$)	IV ($n \cdot 10^{-2}$)	
Uschakow-Folge (Aleurolithe und Argillite)								
Fluß Prawaja Uschakowka	81	4	1,9	2	–	–	–	0
Achiny	124	7	4,8	6	–	–	–	0
Korkino	47	5,7	2,7	3	18	–	–	0
Balychtin, Typta, Shigalowo	46	10	2,5	1–4	50	–	–	0
Bochan	100	20	3	1–9	80	–	–	0
Osa, Parfenowka	75	3,4	1,9	3	–	–	–	0
Biltschir	87	8	2,6	6	37	–	–	0
Atowka, Raduj	19	50	23	2	12,5	1	–	35
Tyretj, Kutulik	87	40	4,9	1–4	20	1,5	–	25
Chor-Tagna	37	2	1	2	25	–	–	0
Karasaj	126	4	1,7	2	20	–	–	0
Tulun, Jermakow	25	66	1	2	–	4	–	16
Asej, Tschebotarichin	11	770	37	9	80	–	12	20
Nishnemot-Unterfolge (Sandsteine und Aleurolithe)								
Fluß Prawaja Uschakowka	24	3	1,7	3	–	–	–	0
Achiny	124	7	4,8	6	–	–	–	0
Korkino	41	11	4	4,5	25	–	–	0
Balychtin, Typta, Shigalowo	54	180	3	1–6	80	8	–	20
Bochan	105	100	16	1–9	50	2	12	15
Osa, Parfenowka	149	24	5	3	50	3	–	5
Biltschir	51	70	11	1–6	50	2	–	20
Atowka, Raduj	75	20	2,7	1–4	50	3	–	5
Schelonino	10	13	1,7	2	38	–		0
Tyretj, Kutulik	160	40	3,5	1–3	37	1,5	–	20
Chor-Tagna	138	110	4	4	25	6	–	15
Tanguj	10	160	1,8	2	–	8	–	20
Karasaj	13	350	2,3	–	150	25	–	23
Tulun, Jermakow	65	2200	150	1–3,7	–	4	60	40
Asej, Tschebotarichin	92	690	90	3	25	6	48	35
Botschakta	65	450	70	1–9	37	8	–	45
Markowo	256	560	300	6	50	6	24	75
Kriwaja Luka, Kirensk	144	670	300	2	19	1,5	12	60

3. Der innere Teil des Irkutsker Amphitheaters (Osa, Biltschir, Atowka) und das Tulun—Sajan-Gebiet zeigen mittlere C_{org}-Gehalte in den Gesteinen der Unterfolge, mit einer Gesamtfläche von 41000 km².

4. Das Sajangebiet auf dem Abschnitt von Irkutsk bis zum Becken des Flusses Ii, mit einer Fläche von 15400 km², hat niedrige C_{org}-Gehalte.

5. Ein schmaler Streifen (50 bis 60 km) des südöstlichen Baikalgebiets (Prawaja Uschakowka) mit einer Fläche von 12000 km² ist durch die niedrigsten C_{org}-Gehalte gekennzeichnet.

Der hohe Gehalt an CHB in den Gesteinen der Nishnemot-Unterfolge hat eine etwas andere Verteilung. Ebenso wie für die OS sind hohe CHB-Werte im Lenagebiet zu beobachten. In allen übrigen Fällen fehlt eine direkte Abhängigkeit in ihrer Verteilung (Abb. 2). Ein hoher CHB-Gehalt zeigt sich im Tulun—Sajan-Gebiet, ein niedriger im Baikalgebiet bei umgekehrtem OS-Verhältnis.

Ein Vergleich der lithofaziellen Karten und der Verteilung der Mittelwerte von OS und CHB im terrigenen Komplex ergibt das Fehlen einer bestimmten Abhängigkeit zwischen ihnen. Eine engere Verbindung ist zwischen der territorialen quantitativen Differentiation dieser Komponenten und dem paläotektonischen Bezirk festzustellen. Die Maximalwerte des CHB-Gehalts sind gesetzmäßig an die Abschnitte der großen Paläohebungen gebunden, die durch erniedrigte Mächtigkeiten der Ablagerungen des Präkambriums und des Unteren Kambriums gekennzeichnet sind (Abb. 1 u. 2). Die Abschnitte der alten Senken dagegen sind trotz der relativen Anreicherung der Gesteine mit OS stark verarmt an Bitumoiden. Hier ist auch ein vorherrschender Gehalt an DSBB in den Gesteinen zu vermerken (Achiny), der sonst nirgendwo anzutreffen und für die zu behandelnden Ablagerungen nicht charakteristisch ist. Um so mehr ist dieses Mißverhältnis in den gleichartigen lithofaziellen Komplexen festzustellen, deren Bildungsbedingungen identisch waren. Scheinbar waren auch die Umwandlungsbedingungen der OS bei einer allgemeinen Richtung der Erdölbildung ähnlich.

Eine Zwischenstellung nehmen die Hänge der Paläohebungen ein. Tatsächlich sind alle relativ hohen CHB-Werte in den Ablagerungen der Uschakow-Folge an Abschnitte, die durch erniedrigte Mächtigkeiten (Karasaj, Tulun) charakterisiert sind, und an die Zone ihres Auskeilens gebunden (Abb. 1). In der Nishnemot-Unterfolge ist der Maximalgehalt an Bitumoiden innerhalb der Ust-Kut—Kirensker gehobenen Zone und im Bereich der Ii—Uda-Hebung zu beobachten. Hohe Bitumoidwerte sind auch innerhalb der gehobenen Abschnitte des Innenfeldes des Irkutsker Amphitheaters zu vermerken. Die Abschnitte intensiver Absenkung dagegen (Baikalgebiet, Irkutsker Sajangebiet) sind an CHB verarmt. Diese Daten geben neben den Bitumoiden der III. und IV. Gesamtheit, die auf den Abschnitten der Paläohebungen festgestellt wurden, von der Anreicherung der terrigenen Gesteine in den Scheitelteilen der alten Hebungen mit sekundären Bitumoiden Auskunft, die Migrationsspuren von Kohlenwasserstoffen (KW) aus den umgebenden Senken darstellen. Außer der lateralen war die vertikale Migration der KW aus den umgebenden Gesteinen in die Sandsteinschichten weit verbreitet. Wahrscheinlich erfolgte die regionale Migration der KW durch die Sandsteine bis zu den Stellen, wo sie intensiven sekundären Veränderungen unterworfen wurden. Das Vorhandensein seiner Verbindung mit der Paläotektonik in der Verteilung der Bitumoide zeigt, daß die Hauptetappe der Kohlenwasserstoffmigration am Ende des Unteren Kambriums abgeschlossen war.

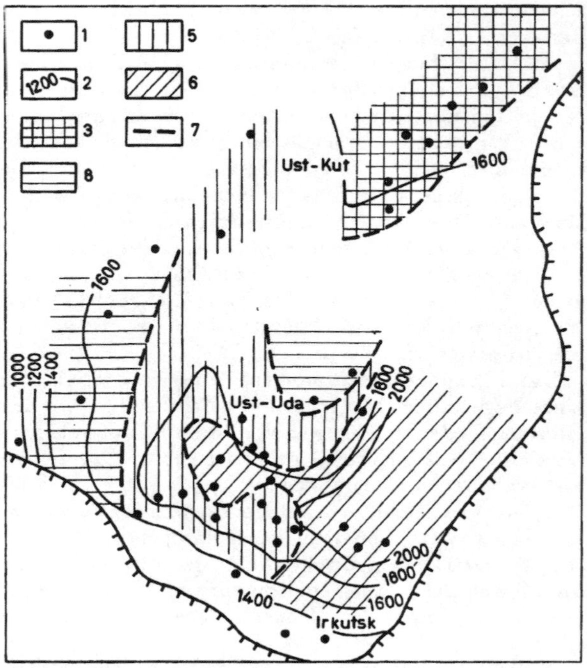

Abb. 2. Schema der Verteilung der Modalwerte und der Häufigkeit von Chloroform-Bitumoiden der III. bis IV. Gesamtheit in den Ablagerungen der Nishnemot-Unterfolge in Abhängigkeit von der Paläotektonik des Bezirks

1 — Tiefbohrungen; 2 — Isopachen der Ablagerungen der Mot-, Usol-, Bel- und Bulaj-Folge; Zonen der sekundären Bitumengehalte; 3 — sehr hoch (Mo = 0,015 bis 0,24; n = 45 bis 75%); 4 — hoch (Mo = 0,04 bis 0,48; n = 35 bis 40%); 5 — mittel (Mo = 0,0037 bis 0,06; n = 15 bis 20%); 6 — niedrig (Mo = 0; n = 0%); 7 — Grenzen der Zonen

Die folgenden tektonischen Bewegungen im S der Sibirischen Tafel führten offensichtlich zu keiner wesentlichen Zerstörung und Umbildung der bestehenden Kohlenwasserstofflager. Die Hauptursachen für die Erhaltung der primären Lager sind die Verfestigung und die sekundäre Zementation der Sandsteine, die am aktivsten in den Senken erfolgten und die Lokalisierung der Zonen mit besseren Speichereigenschaften im Bereich der mit KW gesättigten Paläohebungen bedingten, ferner die ruhige hydrodynamische Situation, die während aller Etappen der Tafelentwicklung der Region herrschte, sowie die Erhaltung der Mehrzahl der Paläohebungen im rezenten Strukturplan.

Die flächenmäßige Erstreckung der Zonen mit hohen und niedrigen Bitumengehalten liefert die Grundlage für die Annahme einer regionalen lateralen Migration der Kohlenwasserstoffe in den terrigenen Ablagerungen über eine Entfernung von 150 bis 250 km. Neben der regionalen nahmen scheinbar die laterale und vertikale Migration der Kohlenwasserstoffe in die Speicherschichten innerhalb der schmalen lokalen Abschnitte des Bezirks eine bedeutende Stellung ein. Das spiegelt sich in der Sättigung der faziell isolierten Sandsteinlinsen mit Erdöl und Erdgas im Lenagebiet wider (Markowo, Kriwaja Luka).

Die gegenwärtig in den Ablagerungen der Nishnemot-Unterfolge entdeckten Erdöl- und Gaslager liegen im wesentlichen in den Abschnitten, die durch einen hohen (Atowka, Parfenowka) oder mittleren (Markowo, Kriwaja Luka) Bitumengehalt der Gesteine gekennzeichnet sind. An diese Abschnitte sind auch alle Erdöl- und Erdgasvorkommen gebunden, die beim Niederbringen und Testen von Bohrungen festgestellt wurden (Tyretj, Tulun, Raduj, Biltschir, Typta, Kasarka u. a.).

Wahrscheinlich kann man annehmen, daß eine solche Gesetzmäßigkeit auch für die Ablagerungen der Uschakow-Folge des Präkambriums existiert. So kann man nach den geochemischen Kennziffern im S der Sibirischen Tafel in den Ablagerungen der Nishnemot-Unterfolge zwei wichtige höffige Zonen aussondern: Die erste nimmt den inneren Teil des Irkutsker Amphitheaters ein und erfaßt vollkommen die Ust-Kut—Kirensker gehobene Zone, die zweite liegt im Sajangebiet innerhalb der begrabenen Hebung von Ii—Uda (Bratsk) (Abb. 2).

In den Bildungen der Uschakow-Folge sind im wesentlichen die Abschnitte ihres Auskeilens und die der Paläohebungen höffig (Abb. 1). In den Zonen, die durch einen niedrigen Bitumengehalt der Gesteine charakterisiert sind, können die Fallen höffig sein, die sich auf dem Migrationsweg der Kohlenwasserstoffe befinden.

Die ungleichmäßige Erforschtheit des Territoriums und die stellenweise ungenügende Anzahl von OS- und Bitumoidbestimmungen bedingten in gewissem Maße den Schematismus der angefertigten Konstruktionen. Vor allem trifft dies für das Baikalgebiet und die zentralen Abschnitte des Amphitheaters zu. Überhaupt nicht untersucht sind die geochemischen Kennziffern der terrigenen Ablagerungen für den Nordwestteil des Sajangebiets (nördlich vom Fluß Ii).

Trotzdem weist die Verallgemeinerung des vorhandenen Materials auf die wichtige Bedeutung der geochemischen Kennziffern für die Richtung der Sucharbeiten auf Erdöl und Erdgas hin und bestimmt die Notwendigkeit der weiten Ausdehnung der geochemischen Untersuchungen von OS der Gesteine und ihrer qualitativen Vervollkommnung.

Literatur

GRIGORJAN, S. W.: Über die Methodik zur Bestimmung der Untergrundgehalte der chemischen Elemente bei geochemischen Sucharbeiten. — Raswedka o ochrana nedr, Nr. 2 (1964).

JUFA, B. J., & J. M. GURWITSCH: Die Anwendung von Medianen und Quantilen für die Einschätzung der normalen und anomalen Werte des geochemischen Feldes. — Geochimija, Nr. 8 (1964).

Die wichtigsten Verschmutzungsgefahren für Grundwasserlagerstätten

GERALD MILDE & HANS-ULRICH MOLLWEIDE, Freiberg (Sa.)

(Veröffentlichung Nr. 23 der Sektion Geowissenschaften der Bergakademie Freiberg, Lehrstuhl für Hydrogeologie)

Die Grundwasservorräte stellen in einem hochentwickelten Industrieland eine Wasserversorgungsgrundlage dar, die großer Aufmerksamkeit und eines besonderen Schutzes bedarf. Bei einer hochgradigen Verunreinigung der Oberflächenwässer bildet das Grundwasser die nahezu wichtigste Basis der Trinkwasserversorgung.

Die Grundwasserlagerstätten besitzen einen in Abhängigkeit von den hydrogeologischen Verhältnissen unterschiedlichen natürlichen Schutz gegen anthropogene Verunreinigungen. Trotz dieses Schutzes sind solche Lagerstätten — auch bedingt durch die industrielle Entwicklung — verschiedenartigen Verschmutzungsgefahren ausgesetzt. Wegen ihrer außergewöhnlichen Bedeutung müssen genutzte Grundwasserlagerstätten vor einer solchen Gefahr zuverlässig geschützt werden. Aber auch für Lagerstätten, die für eine zukünftige Nutzung bedeutsam sind, sollten Schutzmaßnahmen gegen Dauerverschmutzungen erwogen werden.

Dem Schutz genutzter Grundwasserlagerstätten dienen die umfangreichen abgeschlossenen und laufenden Arbeiten zur Abgrenzung von Trinkwasserschutzgebieten. Daneben sollten hydrogeologische Erkundungsarbeiten für die Erschließung neuer Grundwasserlagerstätten Untersuchungen über die Schutzgebietsabgrenzung mit einschließen, und die laufende hydrogeologische Spezialkartierung müßte Maßnahmen zum Schutz wichtiger prognostischer Vorräte vor Dauerverschmutzungen erarbeiten.

Wie eine Reihe von Konsultationen über praktische und theoretische Probleme der Abgrenzung von Trinkwasserschutzgebieten ergaben, bestehen für eine wissenschaftlich begründete Abgrenzung der Schutzzonen vielfach noch entscheidende Lücken. Mit diesen Lücken sind volkswirtschaftlich wichtige Problemstellungen gegeben. Während auf der einen Seite eine zu enge Schutzgebietsabgrenzung die Lagerstätte häufig kaum überschaubaren Verunreinigungsgefahren aussetzen kann, ist eine zu weite Abgrenzung mit erheblichen überflüssigen volkswirtschaftlichen Aufwendungen verbunden. Zur Minderung oder besser Ausschaltung dieser Probleme sind grundlegende Forschungen notwendig. Die nachstehende Arbeit soll dazu dienen, vor Abschluß derartiger Forschungen den Praktikern und anderen Interessenten einen Einblick in den gegenwärtigen allgemeinen Erkenntnisstand im Bereich dieses Problemkreises zu geben.

Zwei Komplexe stehen beim Bemühen um eine fundierte Schutzgebietsabgrenzung im Vordergrund: Einmal ist es das Verhalten der Schadstoffgruppen im Untergrund und zum anderen die Bedeutung der hydrogeologischen Faktoren bei der Grundwasserverunreinigung.

Während sich die nachstehende Arbeit dem ersten Komplex widmet und dazu internationale Ergebnisse aus der weitverzweigten und zum Teil schwer zugänglichen Literatur zusammenträgt und sichtet, soll sich eine spätere Arbeit mit den hydrogeologischen Faktoren bei der Grundwasserverunreinigung beschäftigen.

Für die Bearbeitung des Stoffes hat es sich als zweckmäßig erwiesen, folgende Gruppen an grundwasserschädigenden Substanzen zu unterscheiden: 1. Bakterien und Viren, 2. radioaktive Substanzen, 3. Mineralölprodukte, 4. andere organische und anorganische Stoffe.

1. Bakterien und Viren

Eine derartige Gefährdung eines Grundwasservorkommens ist gegeben, wenn aus Fäkalien stammende Bakteriensuspensionen (z. B. landwirtschaftliche Düngung), Aus-

Eingang des Manuskripts in der Redaktion: 25. 4. 1968.

schwemmungen organischer Substanzen (z. B. Friedhöfe), unbehandelte Abwässer (z. B. von Krankenanstalten) und verunreinigte Oberflächenwässer (z. B. Vorfluter) in den Untergrund eindringen.

Ob diese Bakteriensuspensionen ins Grundwasser gelangen und wie weit sie sich im Grundwasserleiter ausbreiten, hängt vom Reinigungsvermögen der durchströmten Locker- und Festgesteine ab. Daß dabei durch die Bodenfiltration ein Reinigungseffekt von 95 bis 98% erreicht wird, haben die Forschungsergebnisse der Abwasserlandbehandlung und der Grundwasseranreicherung bewiesen. Auch spezielle Untersuchungen über das Eindringen von bakteriellen Verunreinigungen in den Untergrund und über ihre Ausbreitung im Grundwasserleiter unter dem Aspekt des Schutzes von Grundwasservorkommen sind seit etwa 80 Jahren bekannt. Leider sind sie nur auf die lokalen Verhältnisse zugeschnitten, so daß ihre Ergebnisse, Ausnahmen bei Untersuchungen in Flußauen (1.9.), kaum von allgemeinem Interesse sind.

Über das Verhalten von Viren im Untergrund und im Grundwasserleiter ist relativ wenig bekannt. WEBER (1.27) weist nach, daß Hepatitis-Viren, die durch Versickerung von Fäkalien und häuslichen Abwässern in das Grundwasser gelangt waren, noch über einen Monat infektionstüchtig bleiben. Leider erwähnt er nicht die hydrogeologische Situation bei dem ausgewerteten Schadensfall. Andererseits — und zweifellos bei anderen hydrogeologischen Verhältnissen — kommt PRIMAVESI (1.19, S. 143) durch Untersuchungen des mit Viren enthaltendem Flußwasser angereicherten Grundwassers zu der Ansicht, daß die Bodenfiltration nicht nur die Bakterien, sondern auch die Viren entfernt.

2. Radioaktive Substanzen

Mit dem Bau von Atomkraftwerken und seit der Verwendung von radioaktiven Stoffen zu Forschungs-, verfahrenstechnischen, medizinischen und militärischen Zwekken ist mit der Radioaktivität ein neuer, die Wassergüte beeinflussender Faktor hinzugekommen. Eine Beeinträchtigung des Grundwassers durch radioaktive Substanzen kann durch radioaktive Niederschläge, durch radioaktive Abwässer und durch Auslaugungsprodukte vergrabener radioaktiver Abfälle erfolgen.

Niederschläge, deren Radioaktivität einmal durch die natürliche Höhenstrahlung (beispielsweise Bildung von aktivem Kohlenstoff ^{14}C und aktivem Wasserstoff ^{3}H) und zum anderen durch die Explosion nuklearer Bomben erzeugt wird, können ihren Weg direkt oder über die Vorfluter in das Grundwasser nehmen. Allerdings muß hierbei stets in Betracht gezogen werden, daß auch im Boden und im Untergrund natürliche Gehalte an radioaktiven Substanzen vorhanden sind. An erster Stelle soll hier das radioaktive Kaliumisotop ^{40}K genannt werden. Neben dem Kalium können im Grundwasser ^{3}H, ^{14}C, ^{87}Rb, ^{232}Th und ^{238}U sowie die Zerfallsprodukte der beiden letztgenannten Elemente vorkommen. Diese meistens sehr niedrige natürliche Aktivität kann bei der Behandlung der Grundwasserkontamination vernachlässigt werden. Dieses Problem ist fast ausschließlich durch künstliche β- und γ-Strahler bedingt.

Gegen radioaktive Niederschläge mit geringeren Halbwertszeiten ist der Boden und der Untergrund durch sein Reinigungsvermögen gut geschützt, allein dadurch, daß das Wasser Zeit benötigt, um in das Grundwasser zu gelangen. Weitere wichtige Faktoren bei der Reinigung derartig verunreinigter Wässer sind das von der petrographischen Beschaffenheit abhängige Ionenaustausch- und Adsorptionsvermögen.

Bei der Uferfiltration tritt eine Verminderung der Schädigung des Grundwassers dadurch ein, daß

a) im Oberflächenwasser enthaltene Schwebstoffe einen großen Teil der Aktivität adsorbieren. Im Mittel kann mit etwa 30% gerechnet werden,

b) das Reinigungsvermögen des Ufergeländes wirksam wird. Hier hängt es weitgehend von der Zusammensetzung der Filterschichten, der im Oberflächenwasser vorliegenden Isotopengemische sowie von der Filtergeschwindigkeit und damit der Aufenthaltszeit im Untergrund ab, wie groß dieser Dekontaminierungsfaktor ist (2.7., S. 45).

Eine konzentrierte Einleitung radioaktiver Abfälle in den Boden und den Untergrund ist nur unter besonderen hydrogeologischen und meteorologischen Bedingungen vertretbar. Eine derartige Ableitung ist äußerst gefährlich und stets mit einer ausgedehnten Verunreinigung des Grundwasserleiters verbunden.

Auswertungen von Versuchen zur Dekontaminierung von Oberflächenwässern bei der Langsamfiltration (2.5.) und von einem Schadensfall (4.8., b, S. 137) ergaben die in Tab. 1 wiedergegebenen Werte des Austausch- bzw. des Festhaltevermögens.

Tabelle 1.

Austauschadsorbent	Austauschkapazität (mval/100 g)
Kaolinit	3– 15
Illit	10– 40
Montmorillonit	80–150
Vermiculit	100–150
Lignit (lufttrocken)	43– 47
Braunkohle	35
Torf	90

Mineralische Austauscher sind vor allem zur Entfernung von Kationen geeignet und besitzen für Anionen nur eine sehr geringe Wirksamkeit. Sie unterscheiden sich in ihrem Dekontaminationsverhalten auf Grund der unterschiedlichen Struktur und damit auch der Quellungscharakteristik erheblich. Diese unterschiedliche Struktur bestimmt den Mechanismus und die Geschwindigkeit des Kationenaustausches der Tonmineralien (2.5., S. 17).

Bei einer Havarie in der Chalk-River-Anlage (Kanada) versickerten ca. 5000 m³ radioaktiven Kühlwassers in den Untergrund. Über die Ergebnisse dieses unfreiwilligen „Großversuches" siehe bei 2.8.

Nach dem Zerlegen der Bodenprobe ergaben sich für die einzelnen Bestandteile die in Tab. 2 aufgeführten Werte:

Tabelle 2.

Fraktionen	entnommene Aktivitäten in Zerfällen/min und 100 g der gesamten Bodenprobe		
	Sr	Cs	Ce
Sand	0	$2{,}9 \cdot 10^5$	$5{,}7 \cdot 10^3$
grober Schluff	0	$3{,}1 \cdot 10^5$	$3{,}6 \cdot 10^3$
mittlerer Schluff	0	$1{,}2 \cdot 10^5$	$2{,}1 \cdot 10^3$
feiner Schluff	0	$1{,}9 \cdot 10^5$	$8{,}1 \cdot 10^3$
grober Ton	0	$4{,}3 \cdot 10^5$	$3{,}1 \cdot 10^3$
mittlerer und feiner Ton	0	$2{,}6 \cdot 10^5$	$1{,}1 \cdot 10^4$

Die von den verschiedenen Bestandteilen des Sandes festgehaltene Aktivität stellt sich wie in Tab. 3 angeführt dar.

Tabelle 3.

Mineral	festgehaltene Aktivität in Zerfällen/min
Feldspat	22800
Hornblende	2535
Quarz	524

Ausführlich wurde das Verhalten von Radionukliden im Boden von SCHULZE & HABERER in einer Literaturstudie (2.10.) dargestellt.

Zusammenfassend kann gesagt werden, daß eine Verunreinigung des Grundwassers durch radioaktive Niederschläge im Normalfall als ausgeschlossen betrachtet werden kann, solange sich die Aktivitäten in den üblichen geringen Bereichen halten.

3. Mineralölprodukte

Mit der zunehmenden Verwendung von Mineralölprodukten entstand für das Grundwasser in den letzten Jahrzehnten eine neue Gefahrenquelle. Durch den weitreichenden

Transport und die ständig steigende Verwendung der Mineralölprodukte hat eine derartige Grundwasserkontamination eine erhebliche flächenhafte Bedeutung. Um nun eine Grundwassergefährdung richtig beurteilen bzw. bei einem Schadensfall Sanierungsmaßnahmen begründet einleiten zu können, sind Kenntnisse über das Verhalten von Mineralölprodukten im Untergrund und im Grundwasserleiter unerläßlich. Hierbei handelt es sich, und das kompliziert das Ganze, vor allem um eine gemeinsame Strömung von nichtmischbaren Phasen im gleichen Porenraum. Bei der Beurteilung dieser Verhältnisse liefert die Erdölgeologie, speziell die Reservoirmechanik, die bei der Mobilisierung von Restöl in den Speichergesteinen durch Wasserfluten vor ähnlichen Problemen stand, wertvolle grundlegende Erkenntnisse. Daneben verfügen wir heute durch zahreiche Veröffentlichungen von Schadensfällen, von durchgeführten Experimentaluntersuchungen und Modellversuchen über einen Kenntnisstand, der es uns erlaubt, grundsätzliche Aussagen über das Verhalten von Mineralölprodukten im Untergrund und im Grundwasserleiter zu treffen.

Die Ergebnisse der einzelnen Arbeiten sollen an dieser Stelle nicht im Detail wiedergegeben werden, die wesentlichsten sind im Literaturverzeichnis aufgeführt, vielmehr soll das Verhalten von Mineralölprodukten im Sicker- und im Grundwasserbereich in allgemeinen Grundzügen skizziert werden.

3.1. Mineralölprodukte in Kluft- und Karstgesteinen

Kluft- und Karstgrundwasserleiter ohne auflagernde Deckschichten bieten versickernden Mineralölprodukten keinerlei Hindernisse, sofern eine freie Grundwasseroberfläche bis zum Quellaustritt oder bis zur Fassung vorliegt (3.4., S. 123). Die Fließverhältnisse in derartigen Hohlraumsystemen sind sehr unübersichtlich. Aus diesem Grunde sind auch bei Schadensfällen keine exakten Aussagen über das Verhalten von Mineralölprodukten möglich. Generell wird man deshalb in verkarsteten und in etwas geringerem Maße in klüftigen Gesteinen eine Gefährdung des Grundwassers annehmen müssen (3.16, S. 146).

3.2. Mineralölprodukte in Lockergesteinen

Beim Eindringen von Mineralölprodukten in ein Lockergestein lassen sich drei Stadien der Ölausbreitung unterscheiden: 1. vertikale und auch horizontale Versickerung, 2. Ausbreitung auf und im Kapillarsaum, 3. Transport mit dem Grundwasser.

Versickern also Mineralölprodukte im Lockergestein, dann breitet sich die Flüssigkeit mehr oder minder stark auf der Erdoberfläche aus und dringt unter dem Einfluß der Schwerkraft nicht nur vertikal in den Untergrund ein, sondern migriert, bedingt durch die Kapillarkräfte, auch in horizontaler Richtung. Es entsteht so ein Imrägnationskörper, der hinsichtlich seiner dynamischen Eigenschaften folgenden Aufbau hat:

In der randlichen Benetzungszone dringen die Mineralölprodukte auf den Kornoberflächen und in den engeren Poren weiter vor. In der dahinter liegenden Durchleitzone ist fast der gesamte Porenraum mit senkrecht nach unten strömendem Öl erfüllt. Hier ist nur die Wirkung der Schwerkraft ausschlaggebend.

Die Entstehung, der Umriß und der Bau des Imprägnationskörpers, seine dynamische Entwicklung sowie die Verteilung der Mineralölprodukte sind nach (3.16., S. 147) hauptsächlich von folgenden Faktoren abhängig:

3.2.1. Durchlässigkeit des Lockergesteins

Hier sind weniger die Größe des Gesamtporenraums als vielmehr die Form und Größe der Einzelporen von Bedeutung. So setzen die engen, feinverzweigten Poren der feinkörnigen Sedimente der Migration von Mineralölprodukten einen größeren Widerstand entgegen als die groben Poren eines Sandes oder Kieses. Die Ursache hierfür ist vor allem in der Kapillarität zu suchen.

3.2.2. Der Wassergehalt des Sediments

Die Durchlässigkeit eines Lockergesteins für Mineralölprodukte ist je nach dem Wassergehalt verschieden groß; denn bei der Bewegung von Flüssigkeiten mit unterschiedlicher Benetzbarkeit im porösen Medium wird stets die besser benetzende Flüssigkeit in die engeren Porenräume hineingezogen. Dabei kann die schlecht benetzende teilweise aus den kapillaren Hohlräumen in größere Poren verdrängt und wieder beweglich gemacht werden. Im System Wasser/Öl ist das Wasser die besser benetzende Flüssigkeit. Aus den genannten Gründen haben bindige Lockergesteine wie Tone und Lehme eine gute abdichtende Wirkung gegenüber Mineralölprodukten. Derartige Sedimente haben einen hohen Anteil an feinkapillaren Hohlräumen, der von nicht frei beweglichem Wasser eingenommen wird, so daß diese Gesteine für Mineralölprodukte so gut wie undurchlässig sind.

Trocknen die abdichtenden Schichten durch Witterungseinflüsse aus, erhöht sich die Durchlässigkeit für Mineralölprodukte um ein Vielfaches. Die Möglichkeit ist bei einer Beurteilung der hydrogeologischen Verhältnisse stets zu berücksichtigen.

3.2.3. Die Viskosität der Mineralölprodukte

Es liegt auf der Hand, daß die Zähigkeit einen bedeutenden Einfluß auf das Verhalten von Mineralölprodukten im Untergrund ausübt. Öle mit einer hohen Viskosität versickern langsamer und bilden einen kleineren Imprägnationskörper als Mineralölprodukte mit geringerer Zähigkeit. Es soll aber an dieser Stelle darauf hingewiesen werden, daß sich die in früheren Veröffentlichungen getroffene Annahme, die Filtrationsgeschwindigkeiten seien umgekehrt proportional den Viskositäten, durch die zahlreichen, vorliegenden Versuche für Wasser und Mineralölprodukte zumindest in den unteren Viskositätsbereichen bis ca. 10 cSt nicht bestätigt hat (3.4., S. 81).

3.2.4. Die Ölmenge, die Größe der Versickerungsfläche und die Versickerungsdauer

Die Bedeutung der Menge an versickernden Mineralölprodukten ist eindeutig. Bei gleichen Untergrundverhältnissen wird sich beim Eindringen größerer Mengen von Mineralölprodukten ein größerer Imprägnationskörper bilden als bei geringeren und umgekehrt. Auch die Größe der Versickerungsfläche — gleiche Untergrundverhältnisse und gleiche Ölmengen vorausgesetzt — hat einen Einfluß auf die Form des entstehenden Körpers, da die Ausdehnung der vordringenden Ölfront von der Dimensionierung der Versickerungsfläche abhängig ist (3.16.).

Die Versickerungsdauer bzw. der Faktor Zeit ist bei der Betrachtung des Verhaltens von Mineralölprodukten im Untergrund von wesentlicher Bedeutung. Infolge mangelnder Erfahrungen und fehlender Untersuchungen lassen sich dazu keine exakten Angaben machen. Zweifellos können hier beispielsweise extreme Witterungsbedingungen, mikrobiologische Abbauvorgänge, die mit zunehmender Aufenthaltsdauer im Untergrund einsetzenden Oxydationsprozesse und anderen chemischen Umwandlungen einen entscheidenden Einfluß auf das Gesamtverhalten ausüben.

In diesem Zusammenhang ist auch die Verdunstung von Mineralölprodukten aus dem Boden und dem Untergrund von Interesse. So nehmen KLOKE & LEH (3.10., S. 424) auf Grund ihrer Untersuchungsergebnisse an, daß sie als eine der Hauptursachen für das relativ schnelle Abklingen der Phytotoxidität in den Boden gelangter niedrigviskoser Mineralölprodukte (z. B. Benzin, Petroleum) im Vergleich zu der langanhaltenden Schadwirkung der höherviskosen Öle (z. B. Heizöl, Motorenöl) anzusehen ist.

Bevor nun versickernde Mineralölprodukte den Bereich des fließenden Grundwassers erreichen, müssen sie den Kapillarsaum überwinden. Dieser Kapillarsaugsaum grenzt an die oberste Zone des Grundwasserkörpers. In der Kapillarzone steht das Kapillarwasser unter Saugspannung und ist weitaus unbeweglicher als das fließende Grundwasser. Die Mächtigkeit des geschlossenen Kapillarsaumes ist je nach Anteil an kapillaren Hohlräumen im Sediment unterschiedlich groß.

Da die Verunreinigung des Grundwassers durch die gelösten Bestandteile verursacht wird und nur stattfindet, wenn die Mineralölprodukte mit dem Grundwasser in Berührung kommen, stellt der geschlossene Kapillarsaum einen relativ guten Schutz des Grundwassers dar. Unter welchen Bedingungen dieser natürliche Schutz seine Wirksamkeit verlieren kann, ist noch nicht ausreichend geklärt.

Mineralölprodukte sind im Wasser zu einem geringen Teil echt löslich und können weiterhin als Emulsion oder kolloidal im Wasser aufgenommen werden. Allerdings tritt im allgemeinen eine Lösung oder sonstwie geartete Aufnahme von Mineralölprodukten durch das Wasser nur an der Kontaktfläche dieser beiden Flüssigkeiten auf. Da sich aber das spezifisch leichtere Öl stets auf das Wasser legt, ist die Berührungsfläche beider selbst bei turbulenter Wasserbewegung im Vergleich zu den Volumina relativ klein. Aus diesem Grunde sind die durch Laborversuche gewonnenen Geschmacksschwellenwerte ungeeignet, ein den tatsächlichen Verhältnissen entsprechendes Bild zu geben (3.16, S. 148).

Im Grundwasserbereich (über dem eigentlichen Grundwasser) folgt die Mineralölbewegung der Hauptfließrichtung des Grundwassers. Hervorgerufen durch die geringen relativen Durchlässigkeitsverhältnisse und das Rückhaltevermögen in der Zone des Kapillarsaums geschieht das mit einer gegenüber dem Grundwasser verminderten Geschwindigkeit, wobei auch hier die bereits genannten Faktoren auf die Ausbreitung der Mineralölprodukte einwirken.

4. Andere organische und anorganische Stoffe

Um eine gute Übersicht über die zahlreichen Verschmutzungsarten und -möglichkeiten gerade dieses Gefahrenbereichs zu erhalten, wurden diese zu einzelnen Komplexen zusammengefaßt und im folgenden getrennt behandelt, wobei die Reihenfolge der einzelnen Komplexe keine Rangfolge in der Bewertung bedeuten soll.

4.1. Grundwasserverunreinigung durch Versickerung und Versenkung von häuslichen, gewerblichen und industriellen Abwässern; Kaliendlaugenversenkung

In einer nachfolgenden Arbeit (4.1) sollen die hydrogeologischen Faktoren bei der Abwasserversickerung und -versenkung behandelt werden. Es wird hier zwischen Aufnahmebereitschaft und Schluckvermögen des Untergrundes unterschieden. Das Schluckvermögen kennzeichnet die Beziehung zwischen dem versickerten oder versenkten Abwasser — dem Schluckwasser — und dem wassererfüllten Grundwasserleiter. Die Aufnahmebereitschaft sagt nur etwas über die Beziehung zwischen dem Schluckwasser und dem grundwasserfreien Poren- bzw. Klufthohlraum aus. An dieser Stelle soll nun vorzugsweise auf die qualitative Beschaffenheit des Schluckwassers in Verbindung mit dem Schluckvermögen des Untergrundes eingegangen werden (4.2, S. 509—510). Die qualitative Beschaffenheit des zu beseitigenden Abwassers kann das Schluckvermögen begünstigen oder verschlechtern. Abgesehen von der erforderlichen Befreiung von Schwebstoffen, verringert die Temperatur des Schluckwassers seine Viskosität. Schluckwässer und Grundwässer, deren Vermischung Ausfällungen zur Folge hat, vermindern nicht nur das Schluckvermögen, sondern wirken auch auf die Aufnahmebereitschaft ein. Es ist also zwischen physikalischen und chemischen Faktoren zu unterscheiden. Als physikalische Faktoren kommen in Betracht:

4.1.1. Die mechanische Vorreinigung des Schluckwassers

Grundwasserleiter, deren Durchlässigkeitsbeiwert kleineren und mittleren Filterwiderständen entspricht, können mit mechanisch ungenügend geklärten Abwässern nicht beschickt werden. Mit zunehmender Vergröberung der Schwebstoffe und mit wachsender Koagulationsfähigkeit können auch grobporige Grundwasserleiter verstopfen.

4.1.2. Die Temperatur des Schluckwassers

Bei Durchlässigkeitsbestimmungen von Grundwasserleitern wird mit der normalen Grundwassertemperatur von etwa 9°C gearbeitet. Die Viskosität des Wassers ist aber temperaturabhängig. Sie erniedrigt sich bei einem Temperaturanstieg von 10°C auf 23°C derart, daß sich die in der Zeiteinheit durchfließende Wassermenge um rund 50% erhöht (4.2). Eine Temperaturerhöhung führt daher zu einem größeren Schluckvermögen des Grundwasserleiters.

4.1.3. Chemische Faktoren

Schluckwasser und Grundwasser dürfen chemisch nicht so verschieden sein, daß beispielsweise saure Wässer mit basischen unlösliche Salze bilden können. Derartige Ausfällungen wirken wie mechanisch zugeführte und vom Grundwasserleiter abgefilterte Schwebstoffe. Der praktische Fall einer Grundwasserverunreinigung und Verstopfung des Untergrundes durch bariumhaltige Abwässer einer Lithoponefabrik in Fürstenwalde beweist das Gesagte.

Hydrochemische Untersuchungen über das künftige wechselseitige Verhalten von Schluck- und Grundwasser sind daher erforderlich.

4.1.4. Kaliendlaugenversenkung

Die umfangreichste bewußte Ausnutzung des Untergrundes zur Abwasserbeseitigung ist die Versenkung der Kaliabwässer. Im Werra-Kaligebiet erfolgt sie seit dem Jahre 1925. Bis zum Ende des Jahres 1964 wurden dort von den vorhandenen fünf Werken über 350 Mill. m^3 versenkt. Die jährliche Versenkung dieser Werke ist z. Z. mit rund 20 Mill. m^3 anzusetzen.

Der Aufnahmehorizont für die Kaliabwässer ist der klüftige Plattendolomit des Z 3. Er ist gegen das Hangende und das Liegende mit undurchlässigen Lettenlagen abgedeckt. Leider haben sich die zu Beginn der Abwasserversenkung angenommenen Voraussetzungen nicht erfüllt. Die versenkten Kaliendlaugen wandern nicht im Einfallen des Plattendolomits rhönwärts, sondern sie breiten sich im Ca 3 durch Verdrängung des spezifisch leichteren Dolomitwassers nur bis zu einer Entfernung von mehreren Kilometern um die Versenkbrunnen aus. Neben dem Plattendolomithorizont stellen die großen Auslaugungsbereiche mit ihren mächtigen, zerrütteten und verbrochenen Deckgebirgsschichten die Haupträume zur Aufnahme der Kaliendlaugen dar (4.3, S. 1084).

Infolge der Kenntnisse über die Auslaugungssenken besteht die Möglichkeit, noch größere Mengen an Kaliabwässern unterzubringen. Wie jedoch jüngere Schadensfälle beweisen — 1964 Wünschensuhl und Fernbreitenbach am Rande der Horschlitter Mulde —, ist es kaum möglich, die bisher in Anspruch genommenen Versenkräume exakt abzugrenzen. Ebenso sind die Verschiebungen der versenkten Abwässer innerhalb und auch zwischen den einzelnen Versenkungsgebieten nicht zu erfassen. Ferner muß das sehr unterschiedliche Schluckvermögen des Plattendolomits selbst in allgemein als gut aufnahmefähig bekannten Räumen berücksichtigt werden. Dazu kommt noch die Versenktätigkeit im hessischen Teil des Werra-Kaligebietes (4.4, S. 490). Nach HAASE besteht noch für zwei, möglicherweise für drei Jahrzehnte die Möglichkeit der Kaliendlaugenversenkung. Bis zur Entwicklung geeigneter Aufbereitungsverfahren, die eine bedeutende Reduzierung der anfallenden Endlaugenmenge zur Folge haben müßten, kann die unterirdische Abwasserbeseitigung nur als Zwischenlösung angesehen werden.

4.2. Grundwasserverunreinigung durch Schutt-, Müll-, Asche- und industrielle Rückstandsablagerungen

Die Mengen des städtischen Mülls und der Industrierückstände haben in den letzten Jahren ständig zugenommen, so daß ihre Unterbringung allerorts Schwierigkeiten bereitet. Leider wird dem Problem der Schutt- und Müllbeseitigung vielfach nicht die ihm zukommende Bedeutung beigemessen, obwohl es eine bekannte Tatsache ist, daß derartige Ablagerungen einen schädlichen Einfluß auf das Grundwasser im allgemeinen und speziell auf die Trinkwasserversorgung ausüben können.

Bei der Beeinflussung des Grundwassers durch abgelagerte Feststoffe besteht eine weitgehende Parallele zu den Vorgängen in der Natur. Kohlensäure enthaltendes Niederschlagswasser dringt in den Boden ein und vermag Mineralsalze und, meist in geringem Maße, organische Stoffe zu lösen. Die Ausschwemmung bzw. Auslaugung der abgelagerten Rückstandsstoffe erfaßt nun alle Stoffe, die bei der Ablagerung in löslicher Form vorliegen oder die bei den „diagenetischen" Vorgängen der Alterung und durch Verwitterungsprozesse der abgelagerten Stoffe entstanden sind. Nach 4.10 (S. 155) sind es im organischen Bereich vor allem Fettsäuren, Aldehyde und Alkohole, im anorganischen Bereich vorwiegend Erdalkali-, Metall- und Bikarbonationen, Sulfate, Chloride, Nitrate und Phosphate.

Im Boden und im Untergrund vermindern Adsorptions- und Ionenaustauschvorgänge eine Gefährdung des Grundwassers durch die verunreinigten Sickerwässer. Diese Vorgänge vollziehen sich vorwiegend an bindigen Lockergesteinen wie Ton, Lehm, Geschiebemergel usw. Alkalichloride erleiden beim Passieren des Bodens und des Untergrundes keine erheblichen Veränderungen, wandern jedoch im Ton sehr langsam. In diesem Zusammenhang seien die interessanten Untersuchungen von PFEFFER (4.11) erwähnt, der nachwies, daß aus einer gesättigten Kochsalzlösung die ersten Chloridspuren erst nach drei Jahren eine Tonschicht von 2,0 m Mächtigkeit durchwandert hatten.

Für die Beurteilung eines Untergrundes zur Einrichtung von Plätzen für die Ablagerung von Rückstandsstoffen ist also naheliegend, daß ein Gelände um so geeigneter für die Errichtung von Lagerplätzen ist, je bindiger, toniger der Untergrund ist. Derartige Gebiete mit oberflächennahen, vorzugsweise tonig-lettigen Sedimenten sind daher für eine Abfallagerung geeignet.

Leider wurden und werden Abfälle und Rückstandsstoffe sehr häufig an hydrogeologisch ungünstigen Positionen untergebracht; denn oft sieht man in festen Abfällen nur geeignetes Material zur Geländeaufhöhung und lagert es daher in Flußtälern, aufgelassenen Kies- und Sandgruben usw. ab. An derartigen Stellen besteht oftmals eine direkte Verbindung zum Grundwasser; sie sind als Plätze für die Ablagerung von Abfällen und anderen Rückständen daher ungeeignet und stellen eine ernste Gefahr für das Grundwasser dar.

In einer aktuellen Arbeit (4.8, b) berichten NÖRING u. a. über die Reinigungsvorgänge im Grundwasserleiter unterstrom von Abfalldeponien. Als Untersuchungsobjekte wurden zwei Deponien ausgewählt, die in einem Gebiet mit Porengrundwasserleitern liegen, da hier die hydrogeologischen Verhältnisse genauer zu bestimmen sind als in Kluft- oder Karstgrundwasserleitern, sehr viele Abfallstoffe unter ähnlichen hydrogeologischen Verhältnissen abgelagert werden und die meisten und bedeutendsten Grundwasserfassungen in Porengrundwasserleitern stehen (4.8, b).

4.3. Grundwasserverunreinigung durch unterirdische Gasspeicherung

Mit der Untertagespeicherung von Gas ist dem Grundwasser in den letzten Jahren eine weitere Gefahrenquelle erwachsen. Nach den bisherigen Erfahrungen liegen die Speicher in Teufenbereichen von 200 bis 700 m. Im mitteleuropäischen Raum sind die Poren- und Klufträume aller Gesteine in diesen Teufen in der Regel mit Wasser gefüllt. Dieses steht in den einzelnen Schichtpaketen unter hydrostatischem Druck und ist meistens mit dem oberflächennahen Grundwasser hydraulisch verbunden. Wird also Gas in den nutzbaren Poren- und Kluftraum eines Gesteins eingepreßt, muß das Wasser aus diesem Raum weichen. Diese Abdrängung einer gewissen Wassermenge im Speicherareal muß, bei der Voraussetzung eines hydraulischen Zusammenhangs, letztlich die Zuführung einer gleichgroßen Wassermenge im Grundwasserspiegelbereich zur Folge haben und somit zu einer Änderung des Grundwasserspiegelganges gegenüber dem gegebenen führen. Ob diese Möglichkeit der Grundwasserverunreinigung durch Änderung der qualitativen Beschaffenheit des Grundwassers merkbar, meßbar und von praktischer Bedeutung ist, hängt vor allem davon ab, wie groß das Gebiet ist, welchem die in Frage kommende Wassermenge zugeführt wird, sowie von den örtlich vorhandenen Durchlässigkeiten des Untergrundes (4.13, S. 345).

Wie ein Schadensfall am „Herscher Dome" in den USA beweist (4.14, S. 113—115), besteht die andere und wohl bedeutendere Möglichkeit darin, daß Salzlauge sowie Gas und eventuell Öl aus den hangenden Schichten des Speichers in den Bereich des oberflächennahen Grundwassers gedrückt werden und dort erhebliche qualitative Veränderungen hervorrufen. Folgende Ursachen kommen hierfür in Frage:

a) fehlerhafte Zementation der Einpreßsonden,

b) unerkannt gebliebene ältere Bohrungen in tiefere Horizonte,

c) durchlässige Stellen in den abdeckenden Schichten, die eine Migration des Gases erlauben,

d) Brüche und Spalten, die bei der Aufwölbung der Struktur durch ein Überschreiten der Elastizitätsgrenze der hangenden Schichten entstanden sind.

4.4. Grundwasserverunreinigung durch sonstige bergbauliche Maßnahmen

Hier sollen alle die bergbaulichen Maßnahmen zusammengefaßt werden, die eine Grundwasserkontamination hervorrufen oder sie begünstigen. Besonders sind zu nennen: Halden, Ton-, Sand-, Kiesgruben u. ä., Bohrungen, Abbau von Lagerstätten.

4.4.1. Halden

In Bergbaugebieten sind Halden charakteristische Kennzeichen der Landschaft. Derartige Aufhöhungen, An- oder Zuschüttungen führen sowohl in hydrologischer als auch in chemischer Hinsicht eine Änderung der Grundwasserverhältnisse herbei.

Die Menge der Haldensickerwässer ist an sich im Verhältnis zu häuslichen Abwässern gering und aus der Regenhöhe abzüglich der Verdunstung bestimmbar. Hierbei — und auch für den Chemismus der Sickerwässer — hat die Beschaffenheit der Halden eine ausschlaggebende Bedeutung, da sich — je nach der petrographischen Zusammensetzung — die Oberfläche der Halden mehr oder weniger stark verdichtet und somit ein großer Teil des Niederschlagswassers, ohne auszulaugen, oberflächig abfließt. Das gilt nur für Auf- und Anschüttungen, d. h., beim Auffüllen von Steinbrüchen, Kiesgruben usw. mit Haldenmaterial kann, bei einem sehr geringen Oberflächenabfluß, als weitere Komplikation noch die Auslaugung durch das Grundwasser selbst hinzukommen.

Hinsichtlich ihrer Beschaffenheit und der unterschiedlichen hydrologischen und hydrochemischen Wirkung auf das Grundwasser gliedert SEMMLER (4.16) für das Ruhrgebiet Bergehalden (pyritreichen Schieferton, Sandstein, Konglomerate), Mergelhalden (kalkreiche Tone, Mergel) und Sandhalden als Haupttypen aus.

4.4.2. Ton-, Sand-, Kiesgruben u. ä.

Die Gefahr einer Grundwasserverunreinigung besteht hier hauptsächlich darin, daß die über dem Grundwasser lagernden Schichten in größerem Ausmaße verletzt oder gänzlich abgetragen werden. Das bedeutet, daß durch die Reduzierung der Schichtmächtigkeiten über dem Grundwasserspiegel das Reinigungsvermögen, insbesondere der außerordentlich wichtige biologische Abbau in den obersten Bodenschichten, bei der vertikalen Sickerbewegung auf ein Minimum beschränkt wird bzw. gänzlich fehlt.

Das in diesem Zusammenhang von OBERZILL (4.17) beschriebene Beispiel ist sehr instruktiv, jedoch sind für den speziellen Fall stets die lokalen hydrogeologischen Gegebenheiten zu berücksichtigen.

4.4.3. Bohrungen

Obwohl der heutige Stand der Bohrtechnik ausreichende Möglichkeiten für eine angemessene Sicherung des Grundwassers bietet, sind doch einige Fälle der Grundwasserverunreinigung durch Bohrungen bekannt geworden.

Schädigungen des Grundwassers durch unsachgemäßes Verhalten am Bohrplatz sollen hier nicht behandelt werden.

Die nachteilige Beeinflussung des Grundwassers durch Bohrungen kann geschehen durch die Kommunikation von Grundwasserstockwerken mit unterschiedlicher Wasserbeschaffenheit. Dabei ist sowohl ein Absinken verunreinigten Wassers aus einem höheren in ein tieferes Grundwasserstockwerk möglich als auch das Eindringen von mineralisiertem Wasser aus tieferen in höhere süßwasserführende Grundwasserleiter.

Neben Eruptionen besteht die zweite Möglichkeit der Grundwasserverunreinigung im Eindringen von Bohrspülung in durchbohrte und noch unverrohrte Süßwasserstockwerke. Das trifft speziell für oberflächennahe Grundwasserleiter mit hoher Durchlässigkeit (grobe Schotter, zerklüftete Kalksteine usw.) zu.

Diesen Möglichkeiten kann jedoch durch den hydrogeologischen Verhältnissen angepaßtes sorgfältiges Arbeiten bzw. durch eine sachgemäße Spülungspflege begegnet werden.

4.4.4. Abbau von Lagerstätten

Verunreinigungen des Grundwassers beim Abbau von Lagerstätten können entstehen, wenn durch Abpumpen zur Senkung des Grundwasserspiegels, wie das häufig in Untertage- wie in Tagebauen geschehen muß, im Grundwasser durch chemische Reaktionen beachtliche Mengen verunreinigender Substanzen gelöst werden. Als Beispiel können die Lausitzer Braunkohlentagebauwässer sowie die Wässer der Schwefelkiesgruben in Elbingerode gelten. In beiden Fällen begünstigen die Karbonathärte des Grundwassers und der Luftsauerstoff die Lösung von Pyrit, so daß in der Lausitz stark eisen- (bis 400 mg/l) und kohlensäurehaltige (bis 250 mg/l) Grundwässer gefördert werden (4.19).

4.5. Grundwasserverunreinigung durch Detergentien

Die Netzmittel umfassen eine große Anzahl von grenzflächenaktiven Stoffen. Sie gelangen fast ausschließlich über die Vorfluter oder durch direkte Versickerung von Abwässern in das Grundwasser.

Ihre nachteiligen Eigenschaften traten zunächst in Form von riesigen Schaumbergen in Wasserfassungen und Kläranlagen besonders deutlich hervor. In der Folgezeit wurde man auf weitere schädliche Auswirkungen der Detergentien im Oberflächen- und im Grundwasser aufmerksam. Hier wären zu nennen:

a) ihre Schlepperwirkung; das Zusammenwirken von Detergentien mit verschiedenen Substanzen, z. B. Giften, bestimmten Geruchs- und Geschmacksstoffen, führt zu einer Beschleunigung des Eindringens und der Verbreitung dieser Stoffe in das bzw. im Grundwasser;

b) das durch sie hervorgerufene Sinken der Sauerstoffkonzentration und die damit verbundene Herabsetzung der Mineralisationsprozesse im Boden und Untergrund wie auch im Grundwasserleiter (4.22, S. 326);

c) ihre schwere Abbaubarkeit. Selbst die laut Gesetz geforderten, biologisch abbaubaren Detergentien werden nicht vollständig abgebaut. Allerdings sind sie in ihrer direkten Wirkung für die menschliche Gesundheit in geringeren Konzentrationen (0,1—0,2 mg/l) völlig ungefährlich, auch das unappetitliche Schäumen beginnt erst bei 0,3—0,5 mg/l (4.20, S. 625).

Aus einer Zusammenstellung (4.20) geht hervor, daß Detergentien mit dem Grundwasserstrom wandern, aber bedeutend langsamer als das Grundwasser selbst. Bisher wurden Wanderungsweiten bis zu 500 m in einem sandig-grobkiesigen Grundwasserleiter festgestellt. Die Reinigungswirkung des Bodens, des Untergrundes und des Grundwasserleiters beruht in erster Linie auf dem biologischen Abbau in den oberen Bodenschichten bzw. in der Kontaktzone des Ufers bei der Infiltration von Oberflächenwasser. Daneben werden geringe und, je nach der Beschaffenheit des Sandes, unterschiedliche Mengen an diesen Boden- und Untergrundpartikeln adsorbiert (4.21).

4.6. Grundwasserverunreinigung durch künstliche Düngung

Ein wesentlicher Faktor für die Erhöhung der Chlorid- und Sulfatgehalte des Grundwassers kann die künstliche Düngung sein. Über die Chlorid- und Sulfatmengen, die jedes Jahr mit dem Kunstdünger auf das Feld kommen, haben NÖRING (4.25) und BUCHNER (in 4.23) Überlegungen angestellt und die Größenordnungen der dadurch bedingten Cl^-- und SO_4-Gehaltserhöhungen errechnet. Für die dreißiger Jahre gibt NÖRING für Deutschland als Durchschnittswert 4,1 t Chlorionen pro km² an und BUCHNER errechnete für das Gebiet Westdeutschlands in den Jahren 1953 bis 1956 einen Durchschnittswert für Sulfationen von 5,68 t/km².

Die künstlichen Düngemittel sind in der Regel Gemenge an Kalium-, Natrium- und Magnesiumchlorid und -sulfat. Bei sachgemäßer Düngung nimmt die Pflanze das Kalium vollständig, Magnesium, Natrium und auch Kalzium zum Teil auf. Das Chlorion und das Schwefelsäureion bleiben als Rest. Das Chlorion, überwiegend gebunden an Kalzium, weniger an Magnesium und Natrium, geht mit dem im Boden befindlichen Wasser bzw. mit dem Niederschlagswasser in Lösung. Wieviel von dieser wäßrigen Lösung als Sickerprodukt das Grundwasser erreicht und in welcher Konzentration (Ionenaustausch) bzw. wieviel davon oberirdisch abfließt, hängt von der Bodenkultur, der Hangneigung, der Verdunstung und dem Niederschlag sowie von den hydrogeologischen Verhältnissen ab, die lokal verschieden sind (4.25, S. 190).

Das Chlorion verbindet sich also mit dem im Boden vorhandenen bzw. als Dünger aufgebrachten Kalzium. Damit ist eine Steigerung der bleibenden Härte verbunden. Ähnliches trifft für den Sulfatgehalt zu, abgesehen von einem geringen Schwefelverbrauch durch die Pflanzen (4.25, S. 191).

Es kommt also durch die intensive Bearbeitung des Bodens und durch das Aufbringen von künstlichen Düngemitteln zu einer Erhöhung des Chlorid- und Sulfatgehaltes. Die Gesamthärte, speziell die Nichtkarbonathärte, wird erhöht. Die Konzentration der Salzgehalte ist eine Funktion der Verdünnung, die ihrerseits von der unterirdischen Abflußmenge im Grundwasserleiter abhängt.

4.7. Grundwasserverunreinigung durch Pflanzenschutzmittel

Die Notwendigkeit der Anwendung chemischer Pflanzenschutzmittel ergibt sich allein aus der Tatsache, daß die große Anzahl biologischer Schadensfaktoren nur mit Hilfe derartiger Stoffe bekämpft werden kann.

Zur Frage der Grundwassergefährdung durch Pflanzenschutzstoffe wurden an mehreren Stellen Versuche durchgeführt (4.29, 4.33).

BERAN & GUTH untersuchten an sechs typischen, in Mitteleuropa hauptsächlich vorkommenden Böden:

Tschernosem	=	tonigem Lehm,
Paratschernosem	=	grobsandigem Lehm,
Smonitza	=	lehmigem Grobsand,
Löß	=	feinsandigem Lehm,
Sand	=	lehmigem Feinsand,
Parabraunerde	=	sandig-tonigem Lehm,

das Eindringen derartiger Substanzen.

Die Untersuchungen wurden an Bodensäulen von 500 mm Höhe und 114 mm lichter Weite durchgeführt. Sie verwendeten die äquivalenten Maximalmengen pro Hektar der Verbindungen, die akute und/oder chronische Warmblütertoxidität mit längerer Beständigkeit verbinden und in beachtlichem Umfang praktische Anwendung finden. Das sind in erster Linie Insektizide auf der Basis chlorierter Kohlenwasserstoffe. Nach Aufgabe der Substanzen wurde der Boden mit 250 mm, 500 mm, 750 mm und 1 000 mm Niederschlag beregnet. BERAN & GUTH kommen zu dem Ergebnis, „daß die Gefahr einer Kontamination nicht vorliegt. Eine geringe Einschränkung ist höchstens bezüglich leicht durchlässiger Sandböden in bezug auf das Insektizid HCH (Hexachlor-Cyclohexan) zu machen, das unter besonders ungünstigen Umständen das Wasser im Größenordnungsbereich der Toleranzgrenze verunreinigen könnte“ (4.29, S. 83).

Im scheinbaren Gegensatz hierzu beschreibt JAAG (4.31) eine weiträumige Grundwasserkontamination durch eben dieses Insektizid. Sie wurde verursacht durch Abstäuben von HCH aus der Luft über dem Talboden einer Flußaue. Hier ist zweifellos die Möglichkeit der Grundwassergefährdung durch mit derartigen Stoffen verunreinigtes Oberflächenwasser eingetreten, auf die bereits AN DER LAN (4.32) aufmerksam machte.

Da wir über das Verhalten von Pflanzenschutzmitteln im Untergrund und im Grundwasser so gut wie nichts wissen, ist nach der Auswertung der Schadensfälle festzustellen, daß ein Absetzen dieser Stoffe aus der Luft über einem Gebiet mit Oberflächenwässern, die mit dem Grundwasserleiter einer nahegelegenen Wasserfassung in hydraulischer Verbindung stehen, stets als eine Gefährdung des Grundwassers anzusehen ist. Gegen eine sorgfältige Anwendung von Pflanzenschutzmitteln an der Oberfläche sollten dagegen nur in den seltensten Fällen Bedenken erhoben werden.

Das gilt auch für die Gehölzbekämpfung mit 2,4,5-T in Dieselöl. Durch prinzipiell die gleichen Versuche kommen LINDEN, MÜLLER & SCHICKE (4.33) zu der Auffassung, daß bei einer sachgemäßen Durchführung der Arbeiten eine Gefährdung des Grundwassers ausgeschlossen ist.

4.8. Grundwasserverunreinigung durch Infiltration verunreinigten Oberflächenwassers

Eine derartige Grundwasserkontamination kann einmal geschehen durch die Seihwasserabgabe aus Flüssen, Seen usw. und zum anderen durch Infiltration von Meereswasser in küstennahen Gebieten.

Bei beiden Möglichkeiten müssen folgende Voraussetzungen gegeben sein:

a) das Oberflächengewässer muß mit der Sohle oder den Wandungen seines Bettes in einen Grundwasserleiter reichen,

b) der Spiegel des Oberflächenwassers muß höher liegen als die Grundwasseroberfläche,

c) die Sohle bzw. die Wandungen des Bettes müssen selbst durchlässig sein.

Bei einer Abdichtung durch im Oberflächenwasser mitgeführte Schwebstoffe kann die Bildung von Seihwasser unterbleiben.

Die zeitweilige Abgabe von Seihwasser ist in der Hauptsache an fließende Gewässer gebunden. So tritt beim Durchgang von Hochwasserwellen durch Flußläufe kurzfristig Seihwasser in die Sande und Kiese der Flußtäler über bzw. sammelt sich bei weniger durchlässigem Untergrund in Kolken und Tümpeln.

Die Seihwasserbildung kann schließlich durch künstliche Eingriffe in den Grundwasserhaushalt begünstigt werden. Wird bei einer Grundwasserentnahme der Absenktrichter bis unter einen Flußlauf ausgeweitet, so findet eine Wasserabgabe des Flusses in den Entnahmetrichter statt.

Der ständig steigende Bedarf an Trink- und Brauchwasser zwingt dazu, auch Gebiete zur Anlage von Wasserfassungen in der Nähe von Vorflutern zu nutzen, deren Wässer vielfach erhebliche Abwasserlasten aufgenommen haben. Gegen die Nutzung solcher Vorkommen bestehen in hygienischer Hinsicht so lange keine Bedenken, wie das anreichernde Seihwasser auf seinem Sicker- bzw. Fließweg durch die Schichten des Untergrundes seine schädlichen Eigenschaften verliert. Eine Anzahl im Oberflächenwasser enthaltener Stoffe durchwandern jedoch fast unverändert den Untergrund, ohne daß bei dem relativ kurzen Fließweg durch die in der Regel gut durchlässigen Flußkiese und Sande sowie bei der ständigen Belastung des Untergrundes das Reinigungsvermögen wirksam wird. Als Beispiel sind hier die Phenole zu nennen.

Die genannte Reinigungswirkung hängt bei Ufer- bzw. Sohlenfiltratwasser sowohl von der Beschaffenheit der Kontaktzone zwischen oberirdischem Gewässer und Untergrund als auch von der Beschaffenheit der zu durchfließenden Schichten ab. Die vor allem biologisch wirksame Kontaktzone kann durch verschiedene Einflüsse (z. B. Baden, Schiffsverkehr, zeitweilige Trockenlegung usw. sowie Hochwasser und Eisgang) zerstört werden. Daneben ist natürlich die Abwasserbelastung des Oberflächengewässers von großer Bedeutung. Auf der Fließstrecke vom oberirdischen Gewässer bis zur Wasserfassung wird neben der Reinigung des Seihwassers auch der Temperaturausgleich bewirkt (4.37).

Die Grundwasserversalzung in küstennahen Gebieten soll in einer anderen Arbeit behandelt werden.

4.9. Sonstige Verschmutzungsgefahren

An dieser Stelle sollen die Eisen-Mangan-Grundwässer, als teils natürliche und teils durch den Menschen bedingte Grundwasserverunreinigung, und die Kontamination des Grundwassers durch Cyanide, wegen der gefährlichen Wirkung und der Resistenz dieser Stoffe gegenüber jeglichen Reinigungsvorgängen, behandelt werden.

4.9.1. Grundwasserverunreinigung durch Cyanide

Cyanide zählen zu den wenigen resistenten Stoffen, die weder bei der vertikalen Sickerbewegung im Boden und im Untergrund noch bei der horizontalen Fließbewegung in verschiedenen Grundwasserleitertypen ihre schädliche, in diesem Fall toxische Wirkung verlieren. Als positives Moment für den „Abbau" ist wohl nur die im Grundwasserleiter erfolgende Verdünnung zu nennen.

Wie einige Schadensfälle bzw. Gefährdungen von Wasserfassungen (4.40, 4.41, 4.42) beweisen, ist die Möglichkeit einer derartigen Grundwasserkontamination durchaus vorhanden, und die Sanierungsmaßnahmen sind stets mit hohen Kostenaufwendungen verbunden. Eine Kontamination des Grundwassers mit Cyaniden ist einmal durch Versickern cyanidhaltiger Abwässer (4.41, 4.42), zum anderen durch Verkippen cyanidhaltiger Abfallstoffe (4.40) und durch die Infiltration mit Cyaniden verunreinigten Oberflächenwassers möglich. Letzterer Fall erscheint gar nicht so selten, da zahlreiche Flüsse durch die Abwässer von Metallverarbeitungsbetrieben, Galvanisieranstalten und Hochöfen (Hochofengaswaschwasser) Cyanide in größeren oder kleineren Mengen enthalten (4.40.). Einen Schadensfall, der durch Verkippen von cyanidhaltigen Abfallstoffen in eine Kiesgrube (!) entstand, beschreibt EFFENBERGER.

4.9.2. Eisen-Mangan-Grundwässer

Die natürliche Voraussetzung für eine derartige Beeinflussung des Grundwassers sind vorhandene Eisen- und Mangangehalte im Untergrund. In pleistozänen und holozänen Sedimenten darf mit dem Vorkommen von Eisen- und Manganoxid (Fe_2O_3, Hämatit; MnO_2, Braunstein) immer gerechnet werden.

Bei Eisen- und Mangananreicherungen im Grundwasser handelt es sich um Ausfällungen der Metallverbindungen in sauerstoffarmem Wasser. Diese Sauerstoffarmut kann folgende Ursachen haben:

a) dichte Deckschichten über dem Grundwasserleiter,

b) Sauerstoffaufzehrung und Kohlensäurebildung bei der Infiltration von Wasser, das organische oxidable Substanzen und freien Sauerstoff enthält (die meisten Flußwässer).

Durch die neugebildete Kohlensäure — $C + O_2 \rightarrow CO_2$ — werden zusätzliche Karbonate des Kalziums und Magnesiums als Hydrokarbonate gelöst und damit die Karbonathärte des Grundwassers erhöht. Bei vollkommener Aufzehrung des freien Sauerstoffs greift die Kohlensäure die Eisen- und Manganmineralien des Untergrundes an und bringt sie in Lösung (4.44). Die Lösungsgleichungen der beiden Schwermetalloxide nach (4.43) sind folgende:

$$Fe_2O_3 + 4H_2CO_3 \rightarrow 2Fe\,(HCO_3)_2 + H_2O + \frac{1}{2}\,O_2$$

(Hämatit, unlöslich) löslich

$$MnO_2 + 2H_2CO_3 \rightarrow Mn\,(HCO_3)_2 + H_2O + \frac{1}{2}\,O_2$$

(Braunstein, unlöslich)

5. Schluß

Wegen der günstigeren Reinhaltungsmöglichkeit und wegen der verminderten Verdunstungszehrung spielt das Grundwasser bei der Trinkwasserversorgung eine hervorragende Rolle. Aus diesem Grunde stellen unsere ökonomisch erschließbaren Grundwasserleiter, neben den Talsperren, die einzigen Zukunftsquellen für Trinkwasser dar, das den Güteansprüchen genügt.

Die Grundwasservorkommen mit ihren Fassungsanlagen liegen mitten in einer Kulturlandschaft, die sich der Mensch zu seiner Ernährung, zum Wohnen, zum Arbeiten und auch für seine Erholung dienstbar gemacht hat. Indem er diese Hauptfunktionen des Lebens ausübt, gefährdet der Mensch das Wasser, sein lebenswichtigstes Element (5.4). Diese Gefährdungen, speziell des Grundwassers, können durch die Einrichtung von Trinkwasserschutzgebieten für Grundwassergewinnungsanlagen ausgeschaltet bzw. vermindert werden.

Derartige Trinkwasserschutzgebiete sind in der Regel zonar aufgebaut. Dieser zonare Aufbau berücksichtigt die Tatsache, daß nur wenige Substanzen im Untergrund auf die Dauer nicht abgebaut oder festgehalten werden. Es gibt einschließlich der Mineralölprodukte kaum eine organische Verbindung, die nicht durch irgendwelche Mikroorganismen zerlegt und abgebaut werden kann. Die Sorption und der Abbau von Wasserschadstoffen erfordern Raum und Zeit, denen durch die Gliederung in Zonen mit unterschiedlichen Grenzabständen von den Wasserfassungen Rechnung getragen wird (5.3). Da mit zunehmendem Grenzabstand der Fließweg zunimmt, liegen die Schutzzonen im Normalfall mit nach außen geringer werdenden Nutzungsbeschränkungen konzentrisch um die Fassungsanlage. An die Fassungszone schließen sich also in der Regel die engere, die weitere und die weiteste Schutzzone an.

Für die Bemessung insbesondere der Fassungszone (Zone I) und der engeren Schutzzone (Zone II) werden in mehreren Richtlinien z. T. recht unterschiedliche Werte genannt (5.2). Eine, wie das sehr häufig der Fall ist, Überdimensionierung dieser Zonen hat ganz erhebliche volkswirtschaftliche Auswirkungen. Einmal entstehen den Wasserversorgungsbetrieben durch Ankauf des Geländes und durch Entschädigungen für Nutzungsbeschränkungen erhebliche Kosten, zum anderen wird Grund und Boden der Bewirtschaftung entzogen. Es erscheint daher dringend notwendig, eine klare und exakte Definition über Zweck und Aufgabe der einzelnen Zonen mit Untersuchungen über das Eindringen der Hauptgruppen an Wasserschadstoffen bei bestimmten Untergrundverhältnissen und ihrer Ausbreitung in verschiedenen, für unser Gebiet typischen Grundwasserleiterkomplexen zu verbinden, um die Schutzgebietsbemessung auf eine objektive Basis zu stellen (5.2). Es ist das Anliegen dieser Arbeit, unseren derzeitigen Kenntnisstand auf dem Gebiet der Grundwasserkontamination zusammenfassend darzulegen, einem weiten Leserkreis zugängig zu machen und interessierten Fachkollegen dadurch Anregungen bei der Lösung dieser volkswirtschaftlich-ökonomisch so bedeutsamen Probleme zu vermitteln.

Literatur

Zu 1. Bakterien und Viren

1.1 ABBA, F., E. ORLANDI & A. RONDELLI: Über die Filtrationskraft des Bodens und die Fortschwemmung von Bakterien durch das Grundwasser. — Z. Hyg., XXXI, 67—84 (1889).

1.2 ANONYMUS: Die Bewegung bakterieller und chemischer Verunreinigungen im Untergrund. — Wasser- u. Gasfach, Oldenbourg Verl., 96, 10, 325—326, München 1955.

1.3 BAIER, C. R.: Forschungsprobleme der Wassergewinnung. In: Neuere Methoden der Grundwassererschließung. — Dt. Ver. von Gas- und Wasserfachmännern, Sonderh., S. 69—76, Hannover 1952.

1.4 BARTOS, D., J. BANSAGI & K. BAKOS: Die Lebensdauer der enteralen krankheitserregenden Bakterien im Brunnenwasser. — Z. Hyg., 127, S. 347—354 (1947).

1.5 BLÜMEL, F.: Das Landbehandlungsverfahren — eine sehr gute Methode zur Abwasserreinigung und -verwendung. — Wasser und Abwasser, 10, S. 35—45 (1965).

1.6 BERTELMANN, A.: Behandlung von Abwasser durch Untergrundverrieselung. — Wasser und Boden, 9, 12, 477—478 (1957).

1.7 BRAUSS, F.: Bedeutet die Nachbarschaft eines Friedhofs in jedem Fall eine Gefährdung der Wasserversorgung? — Gesundheits-Ingenieur, Oldenbourg Verl., 73, 5/6, 86—89, München 1952.

1.8 DITTHORN, F., & A. LUERSSEN: Untersuchungen über die Durchlässigkeit des Bodens für Bakterien. — Gesundheits-Ingenieur, Oldenbourg Verl., 32, 41, 681—686, München 1909.

1.9 DOSCH, F.: Zur Bemessung von Schutzzonen bei Grundwassergewinnungsanlagen. — Österr. Wasserwirtsch., 19, 1/2, 26—30 (1967).

1.10 FRÄNKEL, C.: Untersuchungen über das Vorkommen von Mikroorganismen in verschiedenen Bodenschichten. — Z. Hyg., 2, S. 521—582 (1887).

1.11 FRÄNKEL, C., & C. PIEFKE: Versuche über die Leistungen der Sandfiltration. — Z. Hyg., 8, S. 1—39 (1890).

1.12 FREI, W., & H. ERISMANN: Beiträge zur Theorie der Bakterienfiltration. — Zbl. Bakt., 88, S. 306—336 (1922).

1.13 GORBACH, C.: Abbauvorgänge im Untergrund. — Gas—Wasser—Wärme, 11, 1, 1—4 (1957).

1.14 KABRHEL, G.: Studien über den Filtrationseffekt der Grundwässer. — Arch. Hyg., 58, S. 345—398.

1.15 KANZ, E.: Über das Verschwinden von Keimen im Grundwasser des diluvialen Schotterbodens. — Arch. Hyg., 144, 5, 375—401 (1960).

1.16 KNORR, M., & R. MUSELMANN: Lotrechte Infiltration und Filtration in ihrer Bedeutung für die Schutzzonenfrage. — Arch. Hyg., 123, S. 349 bis 366 (1940).

1.17 MCLEAN, D. M., J. R. BROWN & R. LAAK: Virus dispersal by water (Verteilung von Viren im Wasser). — J. amer. water works assoc., 58, 7, 920—927 (1966).

1.18 PRAUSNITZ, W.: Über „natürliche Filtration" des Bodens. — Z. Hyg., Bd. LIX, S. 161—224 (1908).

1.19 PRIMAVESI, A.: Neuere Erkenntnisse über die Beziehungen zwischen Viruskrankheiten und Wasserhygiene. — Gesundheits-Ingenieur, Oldenbourg Verl., 87, 5, 139—143, München 1966.

1.20 RECHENBERG, W.: Versuche zur Verbesserung der Qualität von künstlich angereichertem Grundwasser durch Verwendung von Vorfiltern. — Veröff. Inst. Siedlungswasserwirtsch. techn. Hochsch. Hannover, H. 23 (1965).

1.21 SCHMIDT, K.-H.: Die Abbauleistung der Bakterienflora bei der Langsamfiltration und ihre Beeinflussung durch die Rohwasserqualität und andere Umwelteinflüsse. — Veröff. Hydrol. Forschungsabt. Dortmunder Stadtwerke AG, Nr. 5 (1963).

1.22 SCHÜBEL, F.: Die hygienische Untersuchung und Beurteilung der künstlichen Grundwasseranreicherung. — Arch. Hyg., 116, S. 321—363 (1936).

1.23 STUNDL, K. P.: Untersuchungen über Keimverminderungen und chemische Umsetzungen in den Sandfiltern von Wassergewinnungsanlagen. — Z. Hyg., 122, S. 1—15 (1939).

1.24 — Abbau organischer Stoffe durch Bodenorganismen. — Gas—Wasser—Wärme, 18, 9, 196—201 (1964).

1.25 — Behinderung der bakteriellen Abbauvorgänge im Boden. — Gas—Wasser—Wärme, 10, 12, 317—320 (1956).

1.26, a STUNDL, K., & M. GUNDEL: Biologische Vorgänge in den Sandfiltern von Wassergewinnungsanlagen. — Z. Bakt., Abt. I, 144, S. 286—290.

1.26, b STUNDL, K.: Zur Biologie der Filterwirkung des Bodens. — Mitt. österr. Sanitätsverw., 66, 5, 167—171 (1965).

1.27 WEBER, G.: Chemisch-bakteriologische Grundwasseruntersuchungen bei einer Hepatitis-Epidemie. — Österr. Wasserwirtsch., 10, 5/6, 110 bis 112 (1958).

1.28 BETTAQUE, R.: Studien zur künstlichen Grundwasseranreicherung. — Veröff. Inst. Siedlungswasserwirtsch. techn. Hochsch. Hannover, H. 2 (1958).

Zu 2. Radioaktive Substanzen

2.1 FRANK, W. H., G. HAGEL & E. BUSCH: Untersuchungen über das Eindringen radioaktiver Substanzen des Fall-out in das Grundwasser. — Gas- und Wasserfach, Oldenbourg Verl., 105, 10, 254—259, München 1964.

2.2 GAD, G.: Beeinflussung des Grundwassers, Oberflächenwassers und der Luft durch radioaktive Abfälle der Kernreaktoren. — Städtehygiene, 6, 10, 209—215 (1955).

2.3 GÖTTE, H.: Das Problem der Verunreinigung von Trink- und Brauchwasser durch radioaktive Stoffe. — Gas- und Wasserfach, Oldenbourg Verl., 97, 2, 42—47, München 1956.

2.4 HAAREN, F. W. J. v.: Das Verhalten radioaktiver Isotope im Boden (Grundwasser). — Föder. europ. Gewässerschutz, Informationsbl., 10, 56—61 (1964).

2.5 HAGEL, G. v.: Neue Ergebnisse zum Problem der Dekontaminierung von Oberflächenwasser bei der Langsamfiltration. — Veröff. Inst. Siedlungswasserwirtsch. techn. Hochsch. Hannover, H. 16 (1964).

2.6 HARTH, H.: Die Abhängigkeit der Radioaktivität in Wasserläufen und im Grundwasser von Niederschlag, Vegetation und Boden der Einzugsgebiete. — Dt. gewässerkundl. Mitt., Sonderh., 31—35, Koblenz 1960.

2.7 PÄTZE, D.: Beeinflussung von Grundwasser, insbesondere Uferfiltrat, durch die Radioaktivität von Oberflächenwässern. — Dt. gewässerkundl. Mitt., 7, 2, 44—46, Koblenz 1963.

2.8 Radioaktive Substanzen und Wasser. — Schriftenr. Gas- und Wasserfach, Wasser—Abwasser, Oldenbourg Verl., H. 2, München 1956.

2.9 ZAYC, R.: Trinkwasserversorgung und Radioaktivität. — Wasser und Boden, 7, 228—230 (1962).

2.10 SCHULZE & K. HABERER: Das Verhalten von Radionukliden im Boden, eine Literaturstudie. — Vom Wasser, XXXII (1965).

Zu 3. Mineralölprodukte

3.1 BARTZ, J.: Gefährdung des Grundwassers durch Mineralölprodukte. — Gesundheits-Ingenieur, Oldenbourg Verl., 87, 9, 254—257, München 1966.

3.2 — Öl- und Benzinversickerungsversuche in der Oberrheinebene. — Gas- und Wasserfach, Oldenbourg Verl., 107, 6, 143—148, München 1966.

3.3 BARTZ, J., & H. PRIER: Öl- und Benzinversickerungsversuche in der Oberrheinebene, 2. Bericht. — Gas- und Wasserfach, Oldenbourg Verl., 108, 4, 91—101, München 1967.

3.4 BECKSMANN, E., H. BILLIB, W. V. ENGELHARDT & W. ZIMMERMANN: Gutachten Verhalten von Erdölprodukten im Boden. — Bundesministerium Gesundheitswesen, Bad Godesberg 1965.

3.5 BEYER, W., & K.-H. SCHWEIGER: Mineralöle im Boden und Grundwasser. — Wasserwirtschaft—Wassertechnik, VEB Verl. Bauwesen, 17, 7, 226—231, Berlin 1967.

3.6 BILLIB, H., & B. HOFFMANN: Wie bewegen sich Mineralölprodukte im Boden? — Gas- und Wasserfach, Oldenbourg Verl., 107, 6, 138—142, München 1966.

3.7 BILLIB, H., B. HOFFMANN & R. MULL: Quantitative Messung der eindimensionalen Ölausbreitung im Sandboden. — Gas- und Wasserfach, Oldenbourg Verl., 108, 32, 901—911, München 1967.

3.8 DAM, J. VAN: Die Ausbreitung von Mineralöl in grundwasserführenden Schichten. — Dt. gewässerkundl. Mitt., 11, 1, 15—28, Koblenz 1967.

3.9 HENSEN, W.: Das Aufnahmevermögen von Sanden für Mineralölprodukte. — Mitt. techn. Hochsch., H. 18 (1960).

3.10 KLOKE & LEH: Untersuchungen über das Verhalten von Heiz- und Treibölen im Boden. — Wasser und Boden, 12, 422—425 (1966).

3.11 KROLEWSKI, H.: Über das Verhalten von Mineralöl im Boden. — Mitt. techn. Hochsch. Hannover, H. 16 (1959).

3.12 LIPPOK, W.: Modellversuche über das Verhalten von Heizöl EL im porösen Medium. — Dt. gewässerkundl. Mitt., 10, 5, 145—157, Koblenz 1966.

3.13 — Laborversuche über die Ausbreitung von Mineralöl auf freier Wasseroberfläche. — Dt. gewässerkundl. Mitt., 10, 4, 105—112, Koblenz 1966.

3.14 MASSING, H.: Heizöl EL und Benzin in Lößböden. Ein Beitrag zur Frage der Permeabilität, Kapillarität und Aufnahme, zu untersuchen an Proben ungestörter und gestörter Lagerung. — Mitt. Inst. Wasserwirtsch. u. landwirtsch. Wasserbau techn. Hochsch. Hannover, H. 5 (1964).

3.15 MICHELS, F., K. NABERT, H. UDLUFT & W. ZIMMERMANN: Gutachten zur Frage des Schutzes des Grundwassers gegen Verunreinigungen durch Lagerflüssigkeiten. — Ministerium Atomenergie u. Wasserwirtsch., Bad Godesberg 1959.

3.16 PRIER, H.: Über das Verhalten von versickerten Mineralölprodukten im Untergrund. — Gesundheits-Ingenieur, Oldenbourg Verl., 88, 5, 145—149, München 1967.

3.17 SCHWEIGER, K. H.: Beitrag zur Untersuchung der Durchlässigkeit feinund grobkörniger Böden für Wasser- und Mineralölprodukte. — Wiss. Z. techn. Univ. Dresden, 15, 5, 941—952 (1966).

3.18 SCHWILLE, F.: Die „hydrologischen" Grundlagen für die Untersuchung, Beurteilung und Sanierung von Mineralölkontaminationen des Untergrundes. — Dt. gewässerkundl. Mitt., 8, 1, 1—16, Koblenz 1964.

3.19 — Die Kontamination des Untergrundes durch Mineralöl — ein hydrologisches Problem. — Dt. gewässerkundl. Mitt., 10, 6, 194—207, Koblenz 1966.

3.20 WEISFLOG, D.: Mikroskopische Untersuchungen über das Verhalten von Wasser und Mineralöl im porösen Medium. — Dt. gewässerkundl. Mitt., 10, 5, 158—165, Koblenz 1966.

3.21 ZIMMERMANN, W., H. KRIEGER, R. SCHWEISFURTH, R. MERTES & R. E. HEYL: Experimentaluntersuchungen über die Verschmutzung von Grundwasser durch Mineralölprodukte. — Gas- und Wasserfach, Oldenbourg Verl., 105, 38, 1033—1038; 40, 1089—1092, München 1964.

3.22 ZIMMERMANN, W., E. RÜBELT & R. SCHWEISFURTH: Experimentaluntersuchungen über die Verschmutzung von Grundwasser durch Mineralölprodukte, II. Teil. — Gas- und Wasserfach, Oldenbourg Verl., 108, 32, 893—900, München 1967.

Zu 4. Andere organische und anorganische Stoffe

4.1 MILDE, G., & H.-U. MOLLWEIDE: Die hydrogeologischen Faktoren bei der Grundwasserverunreinigung. – Zur Publikation vorgesehen 1968.
4.2 KELLER, G.: Abwasserbeseitigung als hydrogeologisches Problem. – Z. dt. geol. Ges., 108 (1956).
4.3 HOPPE, W.: Grundlagen, Auswirkungen und Aussichten der Kaliabwässerversenkung im Werra-Kaligebiet. – Geologie, 11, 9, 1059 bis 1086, Berlin 1962.
4.4 HAASE, G.: Zum Problem der Abwässerversenkung im thür. Werra-Kaligebiet. – Bergakademie, 15, 6 (1963).
4.5 DENNER, J.: Trümmerschuttablagerungen und Schutzgebiete für Wassergewinnungsanlagen. – Gas- und Wasserfach, Oldenbourg Verl., 92, 14, 183–184, München 1951.
4.6 EGGER, F.: Grundwasserbeeinflussung durch industrielle Anlagen. – Gesundheits-Ingenieur, Oldenbourg Verl., 65, 15/16, 124–126, München 1942.
4.7 HAUPT, H.: Schädlicher Einfluß von Ascheablagerungen auf Grundwasser. – Gas- und Wasserfach, Oldenbourg Verl., 78, 27, 526–528, München 1935.
4.8 NIETSCH, B.: Die Frage der Ablagerung von Schutt und Müll und ihre Beziehung zur Wasserversorgung. – Steirische Gemeindenachr., 14, 9, 16–19 (1961).
4.8, a. NÖRING, F., A. GOLWER & G. MATHESS: Auswirkungen von Industrie- und Hausmüll auf das Grundwasser. – Mém. Congr. Int. Assoc. Hydrogéol. 1965, Hannover 1967.
4.8, b. NÖRING, F., G. FARKASDI, A. GOLWER, K.-H. KNOLL, G. MATHESS & W. SCHNEIDER: Über Abbauvorgänge von Grundwasserverunreinigungen im Unterstrom von Abfalldeponien. – Gas- und Wasserfach, Oldenbourg Verl., 109, 6, 137–142, München 1968.
4.8, c. RÖSSLER, B.: Die Beeinflussung des Grundwassers durch Müll- und Schuttablagerungen. – Vom Wasser, XVIII, 43–60 (1950/51).
4.9 WOLFSKEHL, O., & E. BOYE: Einwirkung von abgelagerter Müllasche und von Müllkompost auf das Grundwasser. – Gas- und Wasserfach, Oldenbourg Verl., 107, 2, 36–38, München 1966.
Diskussionsbeitr. KLOTTER in: Gas- und Wasserfach, Oldenbourg Verl., 107, 32, 902–903, München 1966.
4.10 WOLTERS, N.: Alterung, Verwitterung und Auslaugung abgelagerter Feststoffe. – Wasser, Luft und Betrieb, Krausskopf Verl., 3, 154–156, Mainz 1965.
4.11 PFEFFER, P.: Ein praktischer Versuch zur Ermittlung der Cl'-Wanderungsgeschwindigkeit bei der Diffusion einer Kochsalzlösung in einem plastischen Ton. – Notizbl. hess. Landesamt Bodenforsch., 87, 429 bis 433 (1959).
4.12 HOSANG, W.: Unterirdische Gasspeicherung und Grundwasser. – Die demokrat. Gemeinde, 3, 132–134 (1959).
4.13 WAGER, R.: Grundwasser und unterirdische Gasspeicherung. – Kommunalwirtsch., 5. 7, 343–346 (1956).
4.14 Ground-water Contamination. Proceedings of 1961 – Symposium. – Rob. A. Taft San. Engin. Center, USPHS, Technical report W 61–5, 113–115, Cincinnati (Ohio) 1961.
4.15 FLÖGL, H.: Grundwasserverunreinigung durch Halden. – Österr. Wasserwirtsch., 11, 6, 148–152 (1959).
4.16 SEMMLER, W.: Die Halden – ein hydrologisches Problem. – Schlägel und Eisen, 8, 694–698 (1958).
4.17 OBERZILL, W.: Grundwassergefährdung durch Kiesgruben im Bereich des Brunnenfeldes St. Pölten–Spratzer. – Österr. Wasserwirtsch., 7, 12, 269–272 (1955).
4.18 RUNGE, H.: Schutz von Grundwasservorkommen in Tiefbohrungen. – Z. dt. geol. Ges., 106 (1954).
4.19 KAEDING, J.: Problem der Grundwasserverschmutzungsmöglichkeiten in der DDR. – Vortr. 19. 11. 64 Sekt. prakt. Geol. u. angew. Geophysik dt. Akad. Wiss. Berlin.
4.20 BAHR, H., & W. ZIMMERMANN: Die Wanderung von Detergentien im Boden. – Arch. Hyg., 149, 620–626 (1965).
4.21 HUSMANN, K.: Beitrag zur Frage des Abbaues von Detergentien bei der Langsamfiltration. – Veröff. Inst. Siedlungswasserwirtsch. techn. Hochsch. Hannover, H. 12 (1963).
4.22 KNORR, M.: Die hygienische Beurteilung resistenter Schadstoffe im Boden und Grundwasser. – Gesundheits-Ingenieur, Oldenbourg Verl., 87, 11, 328–329, München 1966.
4.23 MATTHES, G.: Die Herkunft der Sulfationen im Grundwasser. – Abh. hess. Landesamt Bodenforsch., H. 35 (1961).
4.24 – Geologische u. hydrochemische Untersuchungen in der östlichen Vorderpfalz zwischen Worms und Speyer. – Notizbl. hess. Landesamt Bodenforsch., 86 (1957).
4.25 NÖRING, F.: Einflüsse der Kunstdüngung auf den Chemismus des Grundwassers. – Gesundheits-Ingenieur, Oldenbourg Verl., 72, 11/12, 190–191, München 1951.
4.26 SCHWILLE, F.: Chloride und Nitrate in den Grundwässern Rheinhessens und des Rheingaus. – Gas- und Wasserfach, Oldenbourg Verl., 94, 14, München 1953.
4.26, a. – Nitrate im Grundwasser. – Dt. gewässerkundl. Mitt., 6, 2, 25–32, Koblenz 1962.
4.27 ULBRICH, R.: Die Herkunft der Nitrate und Chloride in Grundwässern der Umgebung von Würzburg und Grundwässern der Rhön. – Gesundheits-Ingenieur, Oldenbourg Verl., 78, 5/6, München 1957.
4.28 KÖTTER, K.: Die Chloridgehalte des oberen Emsgebietes und ihre Beziehung zur Hydrogeologie. – Diss. (maschinenschriftl. Vervielfältigung), Münster (Westf.) 1959.
4.29 BERAN, F.: Zur Frage der Kontamination des Grundwassers durch Pflanzenschutzstoffe. – Wasser u. Abwasser, Hrsg. Bundesanst. Wasserbiol. u. Abwasserforsch., 10, 57–84, Wien-Kaisermühlen 1965.
4.30 BERAN, F., & J. A. GUTH: Das Verhalten organischer insektizider Stoffe in verschiedenen Böden mit besonderer Berücksichtigung der Möglichkeiten einer Grundwasserkontamination. – Pflanzenschutzber., XXXIII, 5/8, 65–117 (1965).
4.31 JAAG, O.: Die Verschmutzung der Oberflächenwässer, eine Gefahr für das Grundwasser. – Schweizer Ver. Gas- u. Wasserfachmännern, XXXI, 6, 199–206 (1952).
4.32 LAN, H. AN DER: Auswirkung und Probleme der Gewässerverunreinigung durch Pflanzenschutzmittel. – Wasser und Abwasser, Bundesanst. Wasserbiol. u. Abwasserforsch., 10, 85–99, Wien 1965.
4.33 LINDEN, G., A. MÜLLER & P. SCHICKE: Versuche zur Frage der möglichen Grundwassergefährdung durch Gehölzbekämpfung mit 2, 4, 5-T in Dieselöl. – Z. Pflanzenkrankheiten und Pflanzenschutz, LXX, 399–407 (1963).
4.34 MILDE, G., & H.-U. MOLLWEIDE: Hydrogeologische Faktoren bei der Grundwasserverunreinigung. – Zur Veröff. vorgesehen.
4.35 OSTENDORF, E.: Grundwasserversalzung als Folge von Entwässerung. – Dt. gewässerkundl. Mitt., 1, 3, 45–50, Koblenz 1957.
4.36 RICHTER, W., & H. FLATHE: Die Versalzung von küstennahen Grundwässern, dargestellt an einem Teil der deutschen Nordseeküste. – Assoc. Internat. d'Hydrologie Scientif., Publ., 37, 118–130, Rom 1954.
4.37 Richtlinien für Trinkwasserschutzgebiete, 1. Teil: Schutzgebiete für Grundwasser. – Dt. Ver. Gas- und Wasserfachmännern, Eigenverl., Arbeitsbl. W 101, Frankfurt (Main), Nov. 1961.
4.38 WECHMANN, A.: Hydrologie. – Verl. Bauwesen, Berlin 1964.
4.39 WIEDERHOLD, W.: Süßwassersperre gegen das Eindringen von Meereswasser in küstennahen Gebieten. – Gas- und Wasserfach, Oldenbourg Verl., 100, 12, 290–291, München 1959.
4.40 EFFENBERGER, E.: Verunreinigung eines Grundwassers durch Cyanide. – Arch. Hyg., 148, 4/5, 271–287 (1964).
4.41 JAAG, O.: Die Verschmutzung der Oberflächenwässer, eine Gefahr für das Grundwasser. – Schweizer Ver. Gas- u. Wasserfachmännern, XXXII, 6, 199–206 (1952).
4.42 SCHULZ, G.: Untersuchungen über die Gefährdung von Muschelkalkquellen nördl. Oberndorf am Neckar. – Aus der Heimat, 65, 9/10, 168–172 (1957).
4.43 MINDER, L.: Eisen-Mangan-Grundwässer. – Festschr. OTTO JAAG, Birkhäuser Verl., Basel und Stuttgart 1960.
4.44 NÖRING, F.: Chemische und physikalische Erscheinungen bei infiltriertem Grundwasser. – Z. dt. geol. Ges., 102 (1950).
4.45 SEMMLER, W.: Mangan im Grundwasser als scheinbarer Bergschaden. – Bergfreiheit, Nr. 8 (1961).

Zu 5. Schluß

5.1 MILDE, G.: Aufgaben und Probleme hydrogeologischer Forschungen. – Bergakademie, 19, 6, 313–318 (1967).
5.2 MOLLWEIDE, H.-U.: Die Bemessung von Trinkwasserschutzgebieten für Grundwasserfassungen im Lockergestein. – Unveröff. Lit.-Ber. wiss.-techn. Zentrum VVB WAB, AS Dresden, Dez. 1967.
5.3 NÖRING, F.: Briefl. Mitt. 3. 8. 1967.
5.4 SCHMASSMANN, H.: Grundwasserschutzgebiete in der Raumplanung. In: Wasser und Luft in der Raumplanung. – Pro Aqua Basel 1966, Oldenbourg Verl., 107–128, München 1966.

Über das Abgabevermögen der Grundwasserleiter des Mittleren Buntsandsteins in Thüringen

JOSEF KNIESEL, Halle (Saale)

1. Problemstellung

Mit den steigenden Anforderungen an die Wasserversorgung wächst auch die Bedeutung genauerer Berechnung des Umfangs sich nicht erneuernder Grundwasservorräte, exakterer Schutzzonenbemessung, der Voraussage unterirdischer Speichermöglichkeiten sowie der Einschätzung von Versalzungsgefahren bei größeren Grundwasserabsenkungen. Für die Beurteilung dieser Probleme ist die Bestimmung des nutzbaren Hohlraums eines Gesteins von großem Interesse. Bekanntlich handelt es sich dabei nur um einen Teil des im Laboratorium nach den üblichen Methoden ermittelten Porenvolumens. Die Gesteinsporosität schließt in allen Fällen

Eingang des Manuskripts in der Redaktion: 24. 9. 1968.
(Mitteilung aus dem VEB Hydrogeologie, Nordhausen)

einen Hohlraumanteil ein, in dem sich bei Entwässerung durch Adhäsionskräfte zurückgehaltenes Wasser befindet. Das Volumen des frei ausfließenden oder infolge der Schwerkraft bei hydraulischen Vorgängen beteiligten Grundwassers ist also kleiner als das Porenvolumen. Es wird in der Literatur als „Abgabevermögen“, „hydraulisch wirksames Porenvolumen“, „nutzbares Porenvolumen“, „relative oder effektive Porosität“, „Kapazität des freien Ausflusses“ oder als „specific yield“ bei den Amerikanern bezeichnet. In tonigem Gestein sind die Unterschiede zur Gesamtporosität größer als in sandigem, in grobkörnigem kleiner als in feinkörnigem.

Bei vielen hydrogeologischen Berechnungen muß das Abgabevermögen berücksichtigt werden. Deshalb wird nach Methoden gesucht, es mit möglichst wenig Aufwand zu ermitteln. Für rollige Lockergesteine fand man Beziehungen zwischen Durchlässigkeitskoeffizienten bzw. Kornzusammensetzung und Abgabevermögen, so daß sich letzteres danach mit mehr oder weniger Genauigkeit bestimmen läßt. Das Abgabevermögen von Festgestein ist im Laboratorium nicht nachweisbar, weil in keiner Weise die Wirkung der Klüfte in vollem Umfang berücksichtigt werden kann. Die Angaben in der Literatur darüber sind, wahrscheinlich aus diesem Grund, sehr spärlich. Insbesondere die Veröffentlichungen der Erdölgeologie enthalten jedoch Porositätswerte, die durch verschiedene Laborverfahren gewonnen und häufig als Nutzporosität angegeben werden. Für Sandstein liegen solche Werte oft zwischen 10 und 30%. Sie stellen in den meisten Fällen nicht das Abgabevermögen, sondern das Gesamtvolumen der offenen Poren dar (effektive Porosität der Erdölgeologie). Über den bei Grundwasserströmungen hydraulisch wirksamen und damit praktisch nutzbaren Hohlraumgehalt klüftiger Sandsteine bestehen z. Z. noch keine realen Vorstellungen. Man ist meist geneigt, die im Laboratorium erhaltenen Werte zu verwenden und nimmt dabei für die Beurteilung der eingangs erwähnten Fragen sehr günstige Voraussetzungen an.

Zur Bestimmung des Abgabevermögens im Festgestein sind nur Geländeversuche (Pumpversuche) geeignet. Allerdings wird dazu nach den gegenwärtig bekannten Verfahren neben einem Brunnen ein zweites Bohrloch als Beobachtungsrohr benötigt. Dabei muß entweder die Zeit der Entleerung (bzw. Auffüllung) eines bestimmten Gesteinsvolumens bei festgelegter Entnahme- bzw. Auffüllmenge oder die Abstandsgeschwindigkeit des Grundwassers mit Hilfe von Tracermaterial festgestellt werden. Aus diesen Daten erhält man je nach Bedingungen, unter Benutzung anderer gegebener Parameter, das gesuchte Abgabevermögen.

Eine akzeptable Ansicht über die Grundwasserströmung in klüftigen Sandsteinen veröffentlichte in letzter Zeit EISSELE (1966). Er kommt zu der Auffassung, daß sich das Grundwasser in den untersuchten mittel- bis grobkörnigen, grob gebankten Sandsteinen des Mittleren Buntsandsteins im nördlichen Schwarzwald fast ausschließlich auf Klüften bewegt. Die Poren sind nach seinen Erkenntnissen in dem genannten Gestein ohne wirtschaftliche Bedeutung. Das nutzbare Kluftvolumen schätzt er auf ca. 0,1%.

In den Jahren 1966 und 1967 wurden im Rahmen hydrogeologischer Untersuchungen an zwei Standorten im Mittleren Buntsandstein Thüringens Daten ermittelt, die gestatten, das Abgabevermögen größenordnungsmäßig zu berechnen. Da zweckdienliche Versuchsanordnungen für Geländetests sehr selten sind und weiterhin vom Festgestein bisher wenig Werte vorliegen, sollen nachfolgend die erhaltenen Ergebnisse mitgeteilt werden.

2. Geländeversuche

Versuch bei Birkungen

In der Zeit zwischen Juni und Oktober 1966 wurden im flachlagernden Mittleren Buntsandstein zwischen Birkungen und Breitenholz im Nordwestteil des Thüringer Beckens einige hydrogeologische Erkundungsbohrungen niedergebracht. Das Gebiet liegt zwischen dem Ohmgebirge im N und dem Dün im S. Im Zusammenhang mit unserer Betrachtung interessieren insbesondere die 196 m voneinander entfernten, links der Ohne angesetzten Bohrungen 3 und 1. Erstere traf nach der z. Z. üblichen Gliederung folgende Schichten:

0 bis 12 m	Brauner Grobsandstein (Detfurth-Folge):	Mittel- bis Grobsandstein mit stark untergeordneten Tonsteinlagen
— 83 m	Gervilleienschichten und Rotweiße Wechselfolge (Volpriehausen-Folge):	Wechsellagerung bunter Sand- und Tonsteinlagen, Sandsteine mittel-, z. T. grobkörnig
— 104 m	Basissandstein (Volpriehausen-Folge):	bindemittelarmer Mittel- bis Grobsandstein mit vereinzelten geringmächtigen Tonsteinlagen
— 113 m	Sandstein-Tonstein-Folge (Unterer Buntsandstein):	Wechsellagerung von Sand- und Tonstein

Von 38,44 bis 109,1 m (= 70,7 m) wurde der Filter eingebaut. Die Bohrung 1 endete nach Durchteufen des Braunen Grobsandsteins bei 30 m in den Gervilleienschichten. Zwischen 5 und 24,4 m erhielt sie eine 19,4 m lange Filterstrecke. Beide Bohrungen trafen auf eine freie Grundwasseroberfläche, die bei Bohrung 3 16,42 m und in Bohrung 1 2,77 m unter Gelände lag.

Im März 1967 lief ein Pumpversuch mit einer Unterwasserpumpe an Bohrung 3 bei der konstanten Entnahmemenge von 6,3 m^3/h. Dabei wurde Bohrung 1 als Beobachtungsrohr benutzt. In ihr war nach 6 Stunden die Absenkung bemerkbar. Sie verlief im wesentlichen halblogarithmisch-gerade in Beziehung zur Pumpzeit und betrug bei Beharrung 0,2 m (Abb.). Nach der Methode für instationäre Brunnenströmung von JACOB wurde der Durchlässigkeitskoeffizient zu $1{,}1 \cdot 10^{-5}$ m/s bestimmt ($M = 71$ m, $\Delta s = 0{,}4$ für den logarithmischen Zeitzyklus). Bei Bohrung 3 handelt es sich strenggenommen um einen unvollkommenen Brunnen, dessen Absenkung mit 8,5 m im Beharrungszustand jedoch gering ist, so daß mit unbeachtlichem Fehler die Formel für vollkommene Brunnen verwendet werden kann. Der

Speicherkoeffizient, der bei freiem Grundwasser dem Abgabevermögen entspricht, errechnet sich zu:

$$S = \frac{2{,}25 \cdot k \cdot M \cdot t_0}{r^2}$$

Dabei sind:

M = durchflossene Höhe des Grundwasserleiters = 71 m;
t_0 = Dauer des Pumpversuchs bis zum Beginn der Absenkung im Beobachtungsrohr;
r = Abstand zwischen Brunnen und Beobachtungsrohr.

Da t_0 bei dem durchgeführten Versuch 5,6 h beträgt, erhält man, unter Verwendung der bereits erwähnten Werte für M, k und r, ein S von 0,0009, d. h., das Abgabevermögen stellt 0,09% des gesamten Gesteinsvolumens dar.

Versuch bei Tröbsdorf

Im Finnegebiet wurden ca. 700 m südlich Tröbsdorf entlang dem Biberbachtal und der Straße Tröbsdorf—Bad Bibra im 1. Halbjahr 1967 eine Versuchsbrunnenbohrung (Tröbsdorf 1) und mehrere mit Beobachtungsrohren versehene Bohrungen niedergebracht. Die Schichtenfolge ist in zusammengefaßter Darstellung bei Tröbsdorf 1:

0 bis 9 m Auelehm und pleistozäne Sande und Kiese;
— 26 m fein- bis mittelkörnige Sandsteine mit einigen Einschaltungen ca. metermächtiger Wechsellagerungen von Sand- und Tonstein (Hardegsen-Folge des Mittleren Buntsandsteins);
— 68 m fein- bis mittelkörniger Sandstein mit Wechsellagerungen von feinkörnigem Sandstein und Tonstein zwischen 40,5 und 43,8 m, 47,3 und 47,8 m, 53,8 und 54,3 m, 60,3 und 62,3 m sowie zwischen 65,3 und 66,3 m. Es handelt sich z. T. um mürbes Gestein (gesamte Detfurth-Folge des Mittleren Buntsandsteins).

Der Filter wurde von 43,0 bis 67,5 m (= 24,5 m) gesetzt. Im oberen Bereich erhielt der Versuchsbrunnen durch Tonhinterfüllung die entsprechende Abdichtung.

Die in der Nähe liegenden Bohrungen für die Beobachtungsrohre haben, da die Schichten sehr flach lagern, fast gleiche Profile wie Tröbsdorf 1 angetroffen.

Das Grundwasser steht unter starker Spannung. Es tritt artesisch aus. Die Druckhöhenfläche befindet sich ca. 5 m über Gelände. Unter Zugrundelegung der gesamten Ausbaumächtigkeit lassen sich nach Verfahren für stationäre und instationäre Brunnenströmungen bei verschiedenen Entnahmemengen Werte für den Durchlässigkeitskoeffizienten errechnen, die sehr gut miteinander übereinstimmen. Im Mittel beträgt der k-Wert $2{,}2 \cdot 10^{-4}$ m/s.

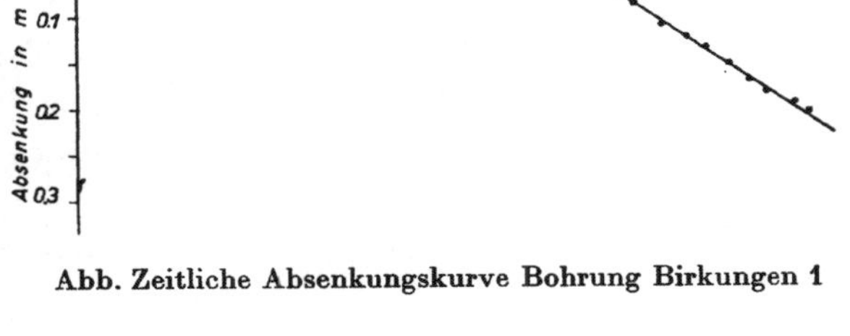

Abb. Zeitliche Absenkungskurve Bohrung Birkungen 1

Zur Bestimmung von Laufzeiten des Grundwassers wurden während der Testarbeiten an Tröbsdorf 1 auch Farbversuche durchgeführt. Dabei fanden Eosin und Natriumfluoreszin als Tracer Verwendung. Die nordöstlich des Versuchsbrunnens liegende Bohrung 4 und die nordwestlich befindliche Tröbsdorf 6 dienten als Eingabestellen für Farbmittel. In Tröbsdorf 1 oder in der zwischen dieser und der Tröbsdorf 6 angeordneten Bohrung 5 erfolgte die Probenahme. Zu bemerken ist weiterhin, daß während der Laufzeitermittlung zwischen Tröbsdorf 5 und 6 Packertests liefen. Das Grundwasser konnte in diesen Fällen nur im Teufenbereich zwischen 43 und 52 m oder zwischen 61 und 67,5 m in den Versuchsbrunnen fließen.

Wie die Versuche ergeben haben, bildet sich bei Wasserentnahme aus Tröbsdorf 1 ein Absenkungstrichter, der annähernd rotationssymmetrisch ist; das heißt, dem Brunnen strömen aus allen Richtungen in der gleichen Zeit im wesentlichen gleiche Grundwassermengen zu. Die durch das rd. 1% betragende natürliche Gefälle bedingten Abweichungen sind gering und können vernachlässigt werden. Unter diesen Bedingungen wird das nutzbare Gesteinsvolumen eines Hohlzylinders im gespannten Grundwasserleiter mit der Achse im Brunnenzentrum und bei Absenkung nur oberhalb der Deckfläche einmal entleert, wenn die Wasserteilchen den Weg zwischen Zylindermantel (Eingabestelle für Farbstoff) und Brunnenwand zurückgelegt haben. Sind die Laufzeit des Grundwassers, die Abmessungen des Gesteinskörpers und die Entnahmemenge bekannt, läßt sich das Abgabevermögen nach WERIGIN (1962) wie folgt berechnen:

$$n = \frac{Q \cdot t}{(r_1^2 - r_0^2) \cdot M}$$

Dabei sind:

t = Laufzeit in Stunden;
r_1 = Abstand der Eingabestelle in m;
r_0 = Radius des Brunnens oder Abstand einer Entnahmestelle auf der Linie zwischen Brunnen und Eingabestelle;
Q = Entnahmemenge in m^3/h;
M = Mächtigkeit des Wasserleiters in m.

In Auswertung der Untersuchungen bei Tröbsdorf wurden folgende Daten erhalten:

Versuchsanordnung	Q	t	r_1	r_0	M	n in %
Färbemittel von Tröbsdorf 4 nach Tröbsdorf 1	97,2	45	100	0,31	24,5	0,6
von Tröbsdorf 6 nach Tröbsdorf 5	35	14,25	50	10	9	0,7
von Tröbsdorf 6 nach Tröbsdorf 5	20	29,83	50	10	6,5	1,2

Die eingesetzten t-Werte stellen nicht die mittleren, sondern die längsten Laufzeiten dar. Das ermittelte Abgabevermögen erscheint deshalb auch als Höchstwert.

Bei den letzten beiden Versuchen war der Versuchsbrunnen wahrscheinlich unvollkommen, wodurch eine weitere Erhöhung der n-Werte bedingt sein kann. Immerhin läßt sich jedoch nach diesen Ergebnissen aussagen, daß man mit einem mittleren Abgabevermögen bzw. mit einem vom Grundwasser durchflossenen Hohlraumanteil von weniger als 1% des gesamten Gesteinsvolumens rechnen muß.

3. Schlußfolgerungen

Mögen die angestellten Berechnungen, bedingt durch teilweise unzulängliche Voraussetzungen, wie nicht ausreichende Homogenität des Gesteins oder Unvollkommenheit der Brunnen, geringe Fehler beinhalten, so zeigen sie doch das Abgabevermögen in einer Größenordnung an, die nach den bisherigen Vorstellungen kaum vermutet worden wäre. Die betrachteten beiden Einzelbeispiele kann man vielleicht nicht als repräsentativ für den gesamten thüringischen Buntsandstein ansehen. Sicher ist aber, daß es sich dabei nicht um extreme geologische Verhältnisse mit ausgesprochen geringem Abgabevermögen im Vergleich zu anderen Gebieten handelt. Die Durchlässigkeitskoeffizienten und die Brunnenergiebigkeiten sind durchaus mit denen aus dem Mittleren Buntsandstein anderer Untersuchungsräume vergleichbar. Bei Tröbsdorf liegen sie sogar erstaunlich hoch. Da jeweils hauptsächlich Sandsteinbänke mit Filter im Brunnen versehen worden sind, treffen die ermittelten Werte auch fast ausschließlich für dieses Gestein zu. Obwohl man differenzieren muß zwischen verschiedenen Varietäten des Sandsteins, wird es doch zweckdienlich sein, sich von der bestehenden Auffassung zu lösen, Sandstein habe allgemein ein Abgabevermögen von mehreren Prozenten. Bindemittelfreie oder sehr stark geklüftete Partien von geringer Ausdehnung sind möglicherweise so günstig zu betrachten. Generell wird aber auch für das grobkörnige Gestein im Mittleren Buntsandstein ein geringes Abgabevermögen angenommen werden müssen, das in der Größenordnung der betrachteten Beispiele liegen kann. Bei so korrigierter Vorstellung erscheinen verschiedene hydrogeologische Vorgänge und Zusammenhänge in veränderten Relationen.

Kleines Abgabevermögen bedeutet z. B.:

a) geringe, sich nicht erneuernde Grundwasservorräte;

b) große Schutzzonen für Grundwasserfassungen, weil die Laufzeiten sehr klein sind;

c) große jahreszeitliche Schwankungen der Höhenlage der Grundwasseroberfläche und schnelle Absenkung bei Entnahme sich nicht erneuernden Grundwassers;

d) rasches Heranrücken von Süß-/Salzwasser-Grenzen bei Entnahme von sich nicht erneuerndem Grundwasser;

e) geringe Möglichkeiten für die unterirdische Wasserspeicherung.

Aus kugelförmigen Kiesen und Sanden bestehende Lockergesteinswasserleiter haben bei Durchlässigkeitskoeffizienten von 10^{-5} m/s ca. 15% und von 10^{-4} m/s mehr als 20% Abgabevermögen. Nach den Ergebnissen der durchgeführten Versuche besitzt Sandstein mit gleicher Durchlässigkeit einen wesentlich kleineren, am hydraulischen Geschehen beteiligten Hohlraumanteil. Das heißt, hier bedingen im Vergleich zum Kiessand nur wenige Kanäle des Gesteins gleiche Permeabilität. Bekanntlich wird die Durchlässigkeit in entscheidendem Maße von der sogenannten inneren Oberfläche des Wasserleiters, der Summe der vom Grundwasserstrom berührten Flächen, bestimmt. Ist sie groß, ergeben sich relativ kleine k-Werte. In Kiesen oder Sanden besteht sie aus der Summe fast der gesamten Oberfläche aller Einzelteilchen und nimmt daher beträchtliche Ausmaße an. Im untersuchten Sandstein jedoch müssen die für die Grundwasserbewegung in kleinem Umfange vorhandenen Hohlräume so beschaffen sein, daß sich nur kleine innere Oberflächen und damit geringe Widerstände für die Grundwasserströmung ergeben. Diese Eigenschaften besitzt aber nicht die Vielzahl der kleinen unregelmäßig gestalteten Poren, sondern das Kluftnetz. Die durch die obenbeschriebenen Untersuchungen gewonnenen Erkenntnisse bestätigen somit die in letzter Zeit wiederholt in der Literatur getroffene Feststellung, daß sich das Grundwasser im Sandstein fast ausschließlich auf Klüften bewegt. Nur mit dieser Schlußfolgerung kann man die großen Unterschiede im Abgabevermögen zwischen Kiessand und Sandstein gleicher Durchlässigkeit erklären.

Zusammenfassung

Von zwei Untersuchungsstandorten im Mittleren Buntsandstein Thüringens wurden Pumpversuche ausgewertet und danach das Abgabevermögen des Gesteins größenordnungsmäßig bestimmt. Es ist in beiden Fällen unerwartet niedrig und beträgt weniger als 1%. Die Erkenntnisse aus den Versuchen führen zu der Schlußfolgerung, daß das Abgabevermögen von Sandstein vorwiegend auf das Kluftvolumen zurückgeführt werden kann.

Резюме

Из двух исследуемых точек в среднем пестром песчанике Тюрингии были обработаны данные откачки, после чего была определена соответствующая водоотдача пород. В обоих случаях она была низкой и достигала едва 1%. Эти результаты опытов приводят к выводу, что водоотдача песчаника может быть связана в основном с объемом трещин.

Summary

Pumping tests made in two locations of the Middle Bunter Sandstone in Thuringia were evaluated and the yield capacity of the rock was determined with respect to its order. In both cases it is unexpectedly low and less than 1 per cent. From knowledge obtained by the tests results that the yield capacity of sandstone is mainly attributed to the volume of joint.

Literatur

EISSELE, K.: Über Grundwasserbewegung in klüftigem Sandstein. — Jh. geol. Landesamt Baden-Württemberg, 8, 105—111 (1966).

PEETSCHOLD, H.: Materialien über die bei Tröbsdorf durchgeführten hydrogeologischen Untersuchungen. — Unveröff.

STORCH: Ergebnisbericht über die im Objekt Hydrogeologische Sucharbeiten Birkungen, Kreis Worbis, im Jahre 1966 abgeteuften Bohrungen Birkungen 1—3/66. — Unveröff. Ergebnisber. Arch. VEB Geol. Forschung und Erkundung, Außenstelle Jena.

WERIGIN, N. N.: Methoden zur Bestimmung der Filtrationseigenschaften von Böden. — Gosstroitechisdat (1962) (russ.).

Beitrag zur mathematisch-statistischen Bearbeitung von Erkundungsdaten zwecks Optimierung des Erkundungsaufwands

KARIN MILDE-DARMER & RAINER VULPIUS, Freiberg (Sa.)*

Einleitung

In immer größerem Maße kommen bei der Behandlung geologischer Probleme mathematisch-statistische Methoden zur Anwendung. Dabei hat es sich als notwendig erwiesen, daß sich der Bearbeiter von geologischen Kenngrößen, bevor er eine statistische Auswertung derselben vornimmt, über geologisch-genetische Zusammenhänge Klarheit verschafft. Geologische Rohstoffkörper sind hinsichtlich der Veränderlichkeit ihrer Merkmale im allgemeinen Mischtypen, d. h., die Größe ihrer Parameter setzt sich aus gerichteten und zufälligen Anteilen zusammen. Das ist eine Tatsache, die bei einer statistischen Bearbeitung berücksichtigt werden muß. Die Bedingungen der Zufälligkeit und Unabhängigkeit der geologischen Merkmale, die einer statistischen Bearbeitung zugeführt werden sollen, fordern von den Geologen weitgehend die Kenntnis der genetischen Einflüsse, die bei der Bildung einer Lagerstätte mitgewirkt haben und die sich heute in den Lagerstättenmerkmalen ausdrücken. Mit anderen Worten, der Geologe hat zu entscheiden, welche Lagerstättenkennwerte oder welche Lagerstättenteile genetisch gleich zu bewerten sind und jeweils eine Grundgesamtheit im mathematisch-statistischen Sinn bilden. So sollten z. B. bei der Betrachtung der äußeren Lagerstättenparameter vor einer statistischen Auswertung Gebiete unterschiedlicher Lagerungsformen gegeneinander abgegrenzt und gesondert bearbeitet werden. Bei Analysenwerten ist darauf zu achten, daß nur Werte zusammengefaßt werden, die auf gleiche genetische Ursachen zurückzuführen sind. In dieser Arbeit werden zwei Beispiele vorgeführt, die die Notwendigkeit einer getrennten Behandlung von Flözteilen einerseits in horizontaler, im anderen Fall in vertikaler Richtung zeigen.

Beispiel 1

Im folgenden wird ein besonderer Fall, der bei der Bearbeitung des Salzkohlenfeldes Wallendorf auftrat, beschrieben:

Die Häufigkeitsverteilung des Na_2O-Gehalts (i. Ko_{wf}) im Flöz Bruckdorf zeigte (MILDE-DARMER 1968) eine auffallende Zweigipfligkeit. Die Ursachen hierfür mußten in bestimmten geologischen Verhältnissen gesucht werden. Eine klare Abhängigkeit der Mittelwerte von der Himmelsrichtung ergab sich nicht. Auch die allgemein verbreitete Ansicht, daß der Salzgehalt nach den unteren Flözpartien hin ansteige, traf — wie zunächst Stichproben ergaben — nur für einen Teil der Bohrungen zu. Erst auf Grund der jetzt vorliegenden Ergebnisse der eingehenden Erkundung auf B-Vorräte im zentralen Teil des Baufeldes Wallendorf konnte für diesen Lagerstättenbereich (ca. 15 km² innerhalb des Baufeldes I) eine systematische Kartierung der vertikalen Salzgehalte im Flöz Bruckdorf durchgeführt werden. Dabei ergab sich, daß sich zwei Gebiete mit unterschiedlicher Salzverteilung abgrenzen lassen. Im östlichen und südlichen Teil des Baufeldes (im folgenden „südöstlicher Feldesteil" genannt) beträgt der durchschnittliche Na_2O-Gehalt 1,6% bei einer Streuung von 0,8%. Dabei ist das Salz regellos über das vertikale Flözprofil verteilt. Im übrigen Teil des Baufeldes beträgt der mit der gleichen Streuung behaftete Mittelwert des Na_2O-Gehalts 2,6%. In diesem Feldesteil (im folgenden „nordwestlicher Feldesteil" genannt) nimmt der Salzgehalt im Flöz vom Hangenden nach dem Liegenden auffallend stark zu. Es ist anzunehmen, daß das vermutlich schon syngenetisch schwach versalzene Flöz in diesem Gebiet noch einer epigenetischen Versalzung in großem Maße unterworfen war.

Betrachtet man die von der Genese her unterschiedlichen Feldesteile mathematisch-statistisch getrennt, so zeigt sich, daß sich die ursprünglich zweigipflige Verteilung in zwei Häufigkeitsverteilungen auflöst, die an eine Normalverteilung angenähert werden können (Abb. 1). Mit Hilfe des χ^2-Testes konnte auch für beide Verteilungen nachgewiesen werden, daß die Werte (Stichproben) jeweils einer normal verteilten Grundgesamtheit entstammen. So ergab sich für das südöstliche Feld für die Beziehung aus (STORM 1965, S. 152)

$$\hat{\chi}^2 < \chi'^2_{\alpha,\, k-1-r} \tag{1}$$

$$\hat{\chi}^2 < \chi'^2_{0,05,\, 5-1-2}$$

$$2{,}83 < 5{,}99$$

und für das nordwestliche Feld nach (1)

$$\hat{\chi}^2 < \chi'^2_{0,05,\, 5-1-2}$$

$$0{,}87 < 5{,}99$$

In diesem Zusammenhang ist es höchst bemerkenswert, daß der χ^2-Test, angewandt auf die Analysen des nordwestlichen und südöstlichen Feldes gemeinsam, nicht ausweist, daß hier von geologischer Sicht her zwei Grundgesamtheiten vorliegen. Der χ^2-Test für die gesamten Analysen ergibt nämlich

$$\hat{\chi}^2 < \chi'^2_{0,05,\, 7-1-2}$$

$$4{,}36 < 9{,}5$$

Eingang des Manuskripts in der Redaktion: 11. 9. 1968.

* Sektion Geowissenschaften der Bergakademie Freiberg, Lehrstuhl für Geologie von Erdöl, Erdgas und Kohlen.

Auch dieses Beispiel zeigt also, daß vor Anwendung mathematisch-statistischer Verfahren geologische Erfahrungen notwendig sind, um nur diejenigen Werte zusammen zu bearbeiten, die vom geologischen Standpunkt aus eine Grundgesamtheit verkörpern. Eine Trennung derartiger Einheiten ist notwendig, weil sich daraus unterschiedliche Schlußfolgerungen ergeben. Die mathematisch-statistische Bearbeitung geschieht ja ausschließlich zur Verbesserung der Interpretation der Ergebnisse von Erkundungsarbeiten und zur Verringerung der Erkundungskosten.

Die mathematisch-statistische Bearbeitung der Na_2O-Werte in Wallendorf wurde mit dem Ziel durchgeführt, auch in bezug auf diesen Rohstoffparameter Vorschläge zum notwendigen Bohrungsaufwand machen zu können.

Faßt man ein Erkundungsbohrprogramm als „Stichprobe" auf, so läßt sich die optimale Proben- bzw. Bohrungsanzahl größenordnungsmäßig bestimmen entweder nach der bei (HILLE & SÜSS 1966) angegebenen Kontrollprobenformel oder nach dem von MILDE-DARMER (1968) empfohlenen „Schluß vom Ergebnis einer Stichprobe auf den Ausfall einer anderen Stichprobe".

In beide Formeln geht als zulässige Abweichung vom Mittelwert (*b*) ein Faktor ein, der bisher für Erkundungsaufgaben der Braunkohlenindustrie noch nicht exakt zu ermitteln ist, sondern abgeschätzt werden muß. Dieser Faktor ist äußerst komplexer Natur, da in ihn technologische, ökonomische und nicht zuletzt geologische Kenngrößen eingehen. Das Fehlen eines derartig begründeten Toleranzbereichs für die Mittelwertsgenauigkeit des zu erkundenden Parameters mindert den Wert der Optimierungsergebnisse.

Aus der ermittelten „optimalen Bohrungsanzahl" auf den günstigsten Bohrlochabstand zu schließen, ist ebenfalls nicht unproblematisch, wie das ausgewählte Beispiel deutlich zeigt. Betrachten wir uns die Tabelle. In ihr sind für den südöstlichen und den nordwestlichen Feldesteil die statistischen Grundwerte sowie für verschiedene Genauigkeitsanforderungen *b* hinsichtlich der Bestimmung des Na_2O-Gehalts die sich errechnete optimale Bohrungsanzahl *m* und der daraus durch die Bezugnahme auf die Bohrfeldgröße sich ergebende Bohrungsabstand *a* enthalten.

Aus dieser Tabelle ist deutlich zu ersehen, welchen entscheidenden Einfluß die Genauigkeitsanforderungen auf die „optimale Bohrungsanzahl" haben. Schon die Differenz von 0,1% Na_2O-Gehalt in der Genauigkeitsforderung führt zu einer einschneidenden Verringerung oder Vergrößerung der Bohrungsanzahl und damit zu sehr unterschiedlichen Bohrlochabständen innerhalb eines Feldesteils von bestimmter Größe. Obwohl unterschiedlich im absoluten Mittelwert, ergeben sich — bedingt durch die gleiche Streuung — im südöstlichen wie im nordwestlichen Feldesteil ähnliche Werte für die optimale Bohrungsanzahl. Auf Grund der stark unterschiedlichen Mittelwerte und der Industrieforderung, der Na_2O-Gehalt möge 3,1% nicht übersteigen, sollte man im Hinblick auf die Ermittlung des Na_2O-Gehalts im stärker versalzenen nordwestlichen Feldesteil mindestens in einem Abstand von 300 m erkunden, um bei der Mittelwertsbestimmung nicht Abweichungen $>0,3\%$ Na_2O zu erhalten. Hingegen könnte im weniger versalzenen südöstlichen Feldesteil bei der Forderung der gleichen Höchstgrenze des Na_2O-Gehalts zur Erkundung dieses Parameters mit Bohrlochabständen von ca. 900 oder 1000 m gearbeitet werden. Es wird also auf Grund dieser Bearbeitung empfohlen, in beiden Feldesteilen mit unterschiedlichen Abständen zu bohren.

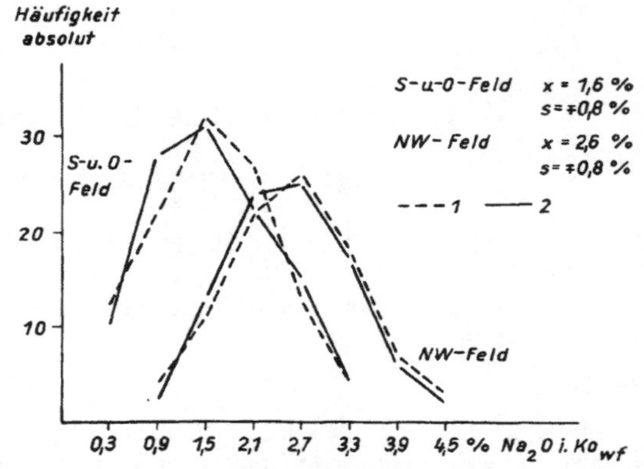

Abb. 1. Häufigkeitsverteilung der beiden Feldesteile
1 — theoretische Verteilung; 2 — empirisch gebundene Verteilung (lies stets: $\bar{x}$)

Diese Erkenntnis hätte man nicht gewinnen können, wären die Analysen nicht wegen der unterschiedlichen genetischen Bildungsbedingungen in den beiden Feldesteilen getrennt behandelt, sondern mathematisch-statistisch zusammengefaßt bearbeitet worden.

Beispiel 2

Nachdem im vorangegangenen Beispiel die Abgrenzung von Grundgesamtheiten nach geologischen Gesichtspunkten für ein Kohlenfeld in horizontaler Erstreckung erfolgte, soll im folgenden eine Abgrenzung geologisch verschieden zu bewertender Merkmalswerte am Beispiel des Gesamtschwefelgehalts des Kohlenfeldes Nochten-West in vertikaler Erstreckung dargestellt werden.

Die Verteilung des Gesamtschwefelgehalts im 2. Lausitzer Flözhorizont zeigt im Bereich des Kohlenfeldes Nochten-West im Vertikalprofil eine auffällige Charakteristik, die von SÜSS (1964) genetisch in folgender Weise gedeutet wird:

1. „In basalen Flözpartien sind lagerstättenübliche, für Flachmoortorfe kennzeichnende Durchschnittsgehalte zu beobachten ($<1\%$ S_{wf})."

2. „Höher im Flözprofil erfolgt ein rascher Übergang der Schwefelgehalte auf ein Maß, das für Übergangs- und Hochmoortorfe charakteristisch ist (!). Etwa drei Fünftel der

Tabelle

Wallendorf Flöz Bruckdorf	n	$\bar{x}$	s	einseitiges Vertrauensintervall für $P = 99\%$	Genauigkeitsanforderung b	optimale Bohrungsanzahl m	Bohrlochabstand a km
S- u. O-Feld ~ 9,0 km²	110	1,6%	±0,8%	$\mu \leq 1,6 + 0,2$	1,2	3	1,713
					0,7	8	1,073
					0,6	11	0,908
					0,5	16	0,749
					0,4	28	0,566
					0,3	62	0,381
NW-Feld ~ 6,3 km²	89	2,6%	±0,8%	$\mu \leq 2,6 + 0,2$	0,4	30	0,460
					0,3	72	0,297

Flözmächtigkeit werden von diesen schwefelarmen Kohlen (0,4 bis 0,6% S) vertreten."

3. „Mit Annäherung an das Flözhangende erfolgt ein starker epigenetisch vom überlagernden „Alaunton" ausgehender Anstieg der Schwefelgehalte ... (2 bis 4% S)."

Im Rahmen der vorliegenden Untersuchung sind 450 Bohrprofile des abgeschlossenen Vorerkundungsprogramms (C_1-Erkundung) des Feldes Nochten-West ausgewertet worden. Es wurden dabei sowohl Kern- als auch Trockenbohrergebnisse in die Betrachtung einbezogen, da durch Untersuchungen von NEUBERT (1966) nachgewiesen werden konnte, daß sich für die Gesamtschwefelgehalte trotz der Mängel der Bemusterung und Bohrtechnologie aus den Trockenbohrungen repräsentative Werte ergaben.

Die Auswertung der Bohrprofile bestätigt die o. a. Profildifferenzierung, wobei sich die folgende Modifizierung ergibt. Die die basale Flözpartie kennzeichnenden Werte treten im Feld Nochten-West relativ selten auf. Möglicherweise werden sie, vor allem in den Trockenbohrungen, durch ungünstige Intervallbildung nicht erfaßt.

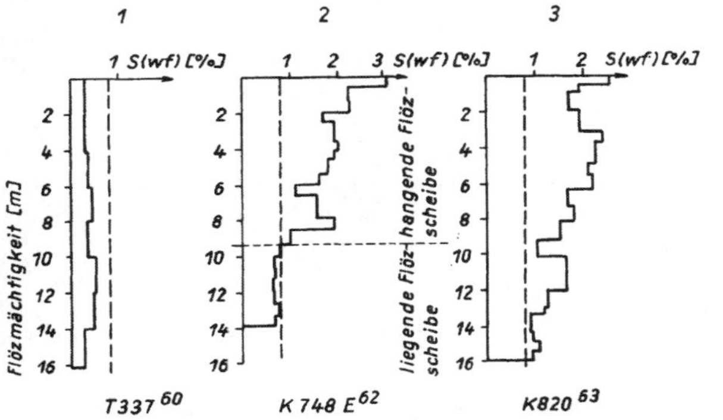

Abb. 2. Verteilung des Gesamtschwefelgehalts im Vertikalprofil

1 — syngenetischer Typ; 2 — Typ der vollständigen epigenetischen Beeinflussung des Flözprofils; 3 — Übergangstyp zwischen 1 und 3

Die epigenetische Zuführung von Schwefelverbindungen (vorwiegend Sulfate und Disulfate) aus dem hangenden Braunkohlenton in das Flöz hat extrem unterschiedliche Flözmächtigkeiten erfaßt. Im größten Teil des Feldes liegt die Mächtigkeit dieser epigenetisch beeinflußten hangenden Flözbank zwischen 2 und 8 m. Teilweise zeigen die Schwefelgehalte keine epigenetische Beeinflussung des Flözes an, häufiger ist jedoch das gesamte Flöz von der Zufuhr von Schwefelverbindungen erfaßt worden. Besonders nach dem S des Kohlenfeldes Nochten-West hin vergrößern sich die Flächen der vollständigen epigenetischen Beeinflussung des gesamten Flözprofils.

Komplementär zu der Mächtigkeit der epigenetisch beeinflußten hangenden Flözscheibe verhält sich der Anteil des mittleren Flözbereichs mit Schwefelgehalten zwischen 0,4 und 0,6% (Abb. 2).

Neben den starken Unterschieden des Gesamtschwefelgehalts im Vertikalprofil bietet sich ein sehr differenziertes Bild der flächenmäßigen Verbreitung vollständig epigenetisch beeinflußter Zonen und solcher ohne eine derartige Beeinflussung. Wenn auch beim vorliegenden Kenntnisstand die Genese der flächenmäßigen Verbreitung der Schwefelgehalte nicht befriedigend erklärt werden kann, so zeigt die Differenzierung im Vertikalprofil nach ihren Absolutbeträgen unterscheidbare Gesamtschwefelgehalte:

1. eine liegende Flözbank mit einem syngenetischen Gesamtschwefelgehalt von <0,8% S(wf);

2. eine hangende Flözbank, gekennzeichnet durch eine epigenetisch bedingte Zunahme des Gesamtschwefelgehalts mit Gehaltswerten >0,8% S(wf).

Die Abtrennung beider Flözscheiben erfolgt durch den Merkmalswert 0,8% S(wf) in der Einzelprobe des Vertikalprofils, einen Wert, der von SÜSS (1964) als oberer Gehalt für die Kohlenvarietäten der 1. Faziesabfolge des 2. Lausitzer Flözhorizonts angegeben wird.

Diese beiden geologisch verschieden zu bewertenden Gesamtschwefelgehalte werden als zwei verschiedene Grundgesamtheiten betrachtet. Zur Ermittlung der Variabilität des Gesamtschwefelgehalts und der Art seiner Häufigkeitsverteilung werden für die beiden Flözscheiben Durchschnittswerte ermittelt, die für die liegende Scheibe auf Grund vorwiegend zufälliger Schwankungen und nachgewiesener Faziesunabhängigkeit (SÜSS und RAMMLER 1965) als arithmetisches Mittel und für die hangende Scheibe auf Grund ihrer korrelativen Bindung an die Lage im Flözprofil als gewogenes Mittel berechnet werden.

Liegende Flözscheibe

Neben dem nachgewiesenen zufälligen Charakter des syngenetischen Schwefelgehalts im Vertikalprofil ergibt sich aus der geringen Korrelation ($r = 0,41$) ein Vorherrschen des zufälligen Anteils auch in horizontaler (NW—SE-) Erstreckung (Abb. 3).

Nach Prüfung des Korrelationskoeffizienten mit dem Zufallshöchstwert (WEBER 1964) kann ein gerichteter Anteil bei 95% Annahmewahrscheinlichkeit, d. h. eine gerichtete Zunahme des syngenetischen Gesamtschwefelgehalts in Richtung S, nicht ausgeschlossen werden. Das Bestimmtheitsmaß kennzeichnet diesen Anteil mit $B = 16,89\%$.

Die dreifach ausgeglichene empirische Ausgleichskurve (Abb. 4) der Merkmalshäufigkeit zeigt eine gute Annäherung an eine Normalverteilung. Die Überprüfung

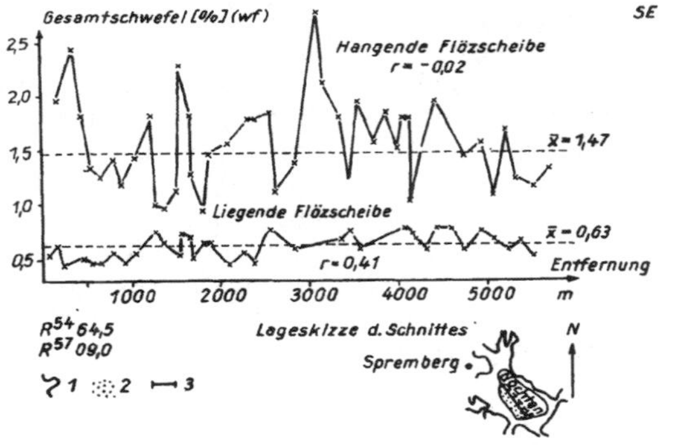

Abb. 3. Verteilung des Gesamtschwefelgehalts für die hangende und liegende Flözscheibe in horizontaler Erstrekkung (NW—SE)

1 — Kohlenfeldgrenzen; 2 — Bearbeitungsgebiet; 3 — Spurlinie des Schnittes

(Unter Entfernung lies: 2000, 4000, 6000, 8000, 10000)

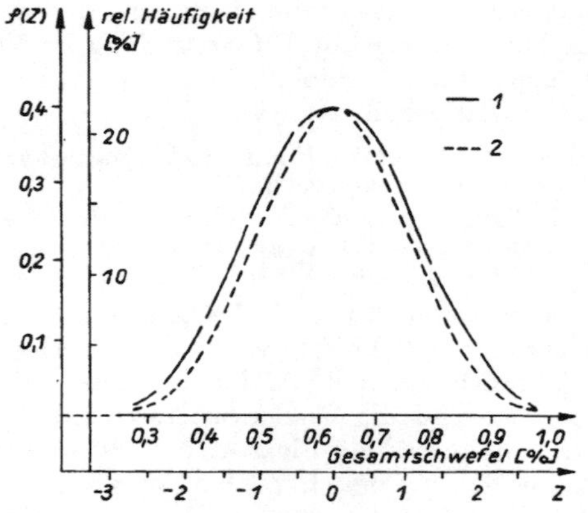

Abb. 4. Häufigkeitsverteilung des Gesamtschwefelgehalts der liegenden Flözscheibe
1 — empirische Verteilung (3fach ausgeglichen); 2 — theoretische Verteilung

dieser Hypothese mit dem χ^2-Anpassungstest bestätigt die Annahme der Normalverteilung

$$\chi^2_{\text{emp}} = 3{,}90 < \chi^2_{5;\,0{,}50} = 4{,}35$$

Der Gesamtschwefelgehalt der liegenden Flözscheibe des Feldes Nochten-West kann somit durch folgende statistische Kennwerte charakterisiert werden:

$\bar{x}$ = 0,63% S(wf)

s^2 = 0,0149

s = ±0,128% S(wf)

v = 20,3%

Hangende Flözscheibe

Die Entwicklung des Gesamtschwefelgehalts der hangenden Flözscheibe in horizontaler Richtung (Abb. 3) zeigt bei einem Korrelationsverhältnis von $r = -0{,}02$ eine rein zufällige Veränderlichkeit. Der linear gerichtete Anteil beträgt nur $B = 4\%$.

Die Auswertung der Merkmalshäufigkeit führte zu einer Verteilung, die an eine lognormale Verteilungskurve angenähert werden kann. In Abb. 5 sind die Summen der relativen Häufigkeiten der Merkmalsgrenzwerte im Wahrscheinlichkeitsnetz dargestellt. Die Anpassung der empirischen Verteilung des Gesamtschwefelgehalts der hangenden Flözscheibe an eine logarithmische Normalverteilung ist nach dem χ^2-Anpassungstest bei einer Annahmewahrscheinlichkeit von 99% gegeben. Die relativ schlechte Übereinstimmung der empirischen und der theoretischen Verteilung wird darauf zurückgeführt, daß sich der Gesamtschwefelgehalt der hangenden Flözscheibe aus einem wechselnden syngenetischen Anteil [vom Liegenden her extrapoliert: 0,63 ± 0,12% S(wf)] und einem aus dem Hangenden epigenetisch zugeführten Anteil zusammensetzt. Die vorliegenden Analysenergebnisse gestatten eine Trennung beider Anteile nicht, so daß hier Mischgehalte betrachtet werden müssen, die keinen reinen Verteilungstyp erwarten lassen.

Auf Grund des lognormalen Verteilungstyps erfolgte die Bestimmung der statistischen Kennwerte für die Logarithmen (x_1) der natürlichen Merkmalswerte a [% S(wf)]:

$\bar{x}$ = 0,1675

s^2 = 0,0127

s = ± 0,1127

v = 9,70%

$\bar{a}$ = 1,47% S(wf)

Die Betrachtungen über die vertikale Verteilung des Gesamtschwefelgehalts im Flöz zeigen als Folge der genetischen Verhältnisse

1. unterschiedliche Variabilität und Mittelwerte und
2. unterschiedliche Verteilungstypen

der Gesamtschwefelgehalte in beiden Flözscheiben. Die Kenntnis dieser Zusammenhänge ermöglicht Schlußfolgerungen sowohl hinsichtlich der mathematisch-statistischen Bearbeitung der Analysendaten als auch bezüglich des optimalen Beprobungs- oder Erkundungsaufwands.

Nach dem von HILLE & SÜSS (1966) vorgeschlagenen Ansatz für die Ermittlung eines optimalen Erkundungsabstands nach der Kontrollprobenformel soll im folgenden auf die erforderliche Bohrlochanzahl eingegangen werden.

Als Genauigkeitsanforderung b, d. h. die durch die Erkundung zu erzielende Mittelwertsgenauigkeit des Gesamtschwefelgehalts, wurden auf Grund des Fehlens technologisch und ökonomisch begründeter Werte folgende Toleranzen festgelegt:

liegende Flözscheibe:	±0,05% S(wf) — zulässiger Wiederholstreubereich der nach dem ESCHKA-Verfahren ermittelten Gesamtschwefelgehalte (≙ ±8% relativ),
hangende Flözscheibe:	±0,07% S(wf) ≙ ±5% relativ.

Unter Beachtung der unterschiedlichen Verteilungstypen für beide Flözscheiben berechnen sich Bohrloch-

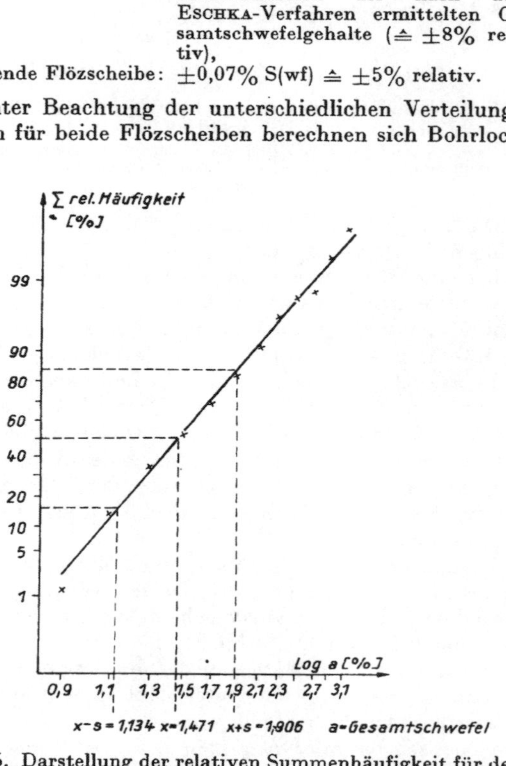

Abb. 5. Darstellung der relativen Summenhäufigkeit für den Gesamtschwefelgehalt der hangenden Flözscheibe im Wahrscheinlichkeitsnetz

zahlen von

$m_1 = 16$ für die liegende Flözscheibe und

$m_2 = 145$ für die hangende Flözscheibe.

Die größere Variabilität der Schwefelgehalte der hangenden Flözscheibe bestimmt die größere Anzahl notwendiger Bohrungen und damit den als optimal zu betrachtenden Erkundungsumfang für den Gesamtschwefelgehalt des Feldes Nochten-West. Als Bezugsfläche wurde der westliche Teil des Kohlenfeldes, d. h. die Fläche, für die Veränderlichkeitstyp und Intensität der Veränderlichkeit bestimmt worden sind, zugrunde gelegt. Es ergibt sich somit unter Beachtung der höheren notwendigen Erkundungsdichte für den Gesamtschwefelgehalt der hangenden Flözscheibe ein optimaler Bohrlochabstand von 525 m.

Die als optimal ermittelten Bohrlochzahlen zeigen im Vergleich zu den 450 ausgewerteten Bohrprofilen, daß eine beträchtliche Übererkundung des Gesamtschwefelgehaltes erfolgte.

Zusammenfassung

An vorstehenden Beispielen, die stellvertretend für viele andere stehen, wird gezeigt, daß die Darstellung und die mathematisch-statistische Fassung der geologischen Veränderlichkeit eines Lagerstättenparameters als Voraussetzung zunächst die Einschätzung der genetischen Besonderheiten erzwingt, die das zu untersuchende Lagerstättenmerkmal kennzeichnen. Diese Notwendigkeit ist nicht auf die Charakterisierung von Kohlenlagerstätten beschränkt, sondern dürfte bei der Erkundung von Lagerstätten allgemein zu berücksichtigen sein.

Резюме

На предложенных примерах, которые являются представителями для многих других, показывается, что предпосылкой для изображения математико-статистического охвата геологической изменчивости параметров месторождения должна являться в первую очередь оценка генетических особенностей, которые характеризуют исследуемые свойства месторождений. Эта необходимость не ограничивается только характеристикой угольных месторождений, но и должна учитываться вообще при разведке месторождений.

Summary

Examples described in the present paper and replacing many others show that, first of all, a representation and mathematical-statistical expression of the geological variability of a deposit parameter compel to estimate genetic peculiarities characterizing the deposit feature to be investigated. This necessity is not limited to a characterization of coal deposits, but may be considered in the exploration of deposits in general.

Literatur

HILLE, R., & M. SÜSS: Methodische Fragen der Braunkohlenerkundung. — Ber. dt. Ges. geol. Wiss., A, Geol. Paläont., 11, 5, Berlin 1966.
MILDE-DARMER, K.: Zur Optimierung der Bohrlochabstände in Salzkohlenfeldern. — Z. angew. Geol., 14, 4, Berlin 1968.
NEUBERT, K.-H.: Zur Aussagekraft älterer Trockenbohrungen bei der Qualitätserkundung von Kokskohle. — Z. angew. Geol., 12, 5, 235—239, Berlin 1966.
STORM, R.: Wahrscheinlichkeitsrechnung, mathematische Statistik und statistische Qualitätskontrolle. — VEB Fachbuchverlag, Leipzig 1965.
SÜSS, M.: Petrologische und technologische Untersuchungen am 2. u. 4. Niederlausitzer Flözhorizont. — Freiberger Forsch.-H., C 185, Leipzig 1964.
SÜSS, M., & E. RAMMLER: Die Lagerstätte Nochten-West des Kombinats Schwarze Pumpe — Probleme der Kohlenqualität. — Bergbautechnik, 15, 2, 68—78 (1965).
WEBER, E.: Grundriß der biologischen Statistik für Naturwissenschaftler, Landwirte und Mediziner. — VEB Gustav Fischer Verl., Jena 1964.

Zur Frage der Variationen der Schwefelisotopen-Zusammensetzung in den alten Ozeanen

W. I. WINOGRADOW & L. L. SCHANIN, UdSSR

Der wichtigste Abschnitt im zyklischen Kreislauf des Schwefels in der Erdkruste ist das Passieren des Stadiums von ozeanischem Sulfat mit nachfolgender Reduktion zu Sulfid. In der Natur erstreckt sich dieser dynamische Prozeß über die ganze geologische Zeit hin, zumindest vom Kambrium an. Er untergliedert sich in: Abtragung von relativ leichtem kontinentalem Schwefel und seinen Transport in die Ozeanbecken, seine teilweise Reduktion zu Schwefelwasserstoff unter Mitwirkung von anaeroben Bakterien und — als Folge dieser Reduktion — die Anreicherung seines schweren Isotops im ozeanischen Sulfat und seines leichten Isotops in den Sulfiden der ozeanischen Schlammbildungen. Dieser in der geochemischen Geschichte des Schwefels äußerst wichtige Prozeß ist im Prinzip vollkommen klar. Nachstehend werden Überlegungen zu einigen Details dieses Prozesses geäußert.

Kriterien der Bestimmung der Isotopenzusammensetzung von Sulfatschwefel in den alten Ozeanen

Es wurde gezeigt (THODE & MONSTER 1964; HOLSER & KAPLAN 1966), daß die Ausscheidung der Sulfate bei der Verdunstung von Meereswasser zu einer sehr geringen Trennung der Schwefelisotope führt. Deshalb kann der Schwefel der sedimentären Sulfate (Gipse, Anhydrite) die Isotopenzusammensetzung des Sulfatschwefels im Salzbecken unmittelbar widerspiegeln. AULT und KULP (AULT & KULP 1959) haben wesentliche Variationen in der Schwefelisotopen-Zusammensetzung der gipsführenden Formationen verschiedenen Alters entdeckt. Das leichteste Sulfat war in den Ablagerungen des Perm-Meeres und das schwerste in den Ablagerungen des Devons und Silurs anzutreffen. Später haben THODE & MONSTER (1964) die Schwefelisotopen-Zusammensetzung der Evaporite in Abhängigkeit von ihrem Alter eingehend untersucht. Auf Grund von Massenmessungen konnten die Verf. eine Kurve der Variation der Isotopenzusammensetzung von Sulfatschwefel in den alten Ozeanen anfertigen. Der Schwankungsbereich erwies sich als recht groß, von einem Minimalwert von 10% im Perm bis zu einem Maximalwert von 30% im Kambrium. Eine weitere genauere Darstellung des Charakters der zeitlichen Veränderung der Isotopenzusammensetzung des Sulfatschwefels in den alten Ozeanen wurde von NIELSEN (1966) sowie HOLSER & KAPLAN (1966) gegeben.

Übers.: I. SCHENK, Berlin.
Eingang der Übersetzung in der Redaktion: 27. 1. 68.

Da die Schwefelisotopen-Zusammensetzung innerhalb eines stratifizierten Horizonts sedimentärer Sulfate Schwankungen erfahren kann, haben THODE & MONSTER folgende Vermutung geäußert: Die sedimentären Sulfate entsprechen im Moment ihrer Bildung in der Schwefelisotopen-Zusammensetzung genau den Sulfaten des Salzbeckens. Im weiteren Verlauf kann sich die Isotopenzusammensetzung der sedimentären Sulfate ändern. Gut bekannt ist der Prozeß, der zum weiteren Schwererwerden der Sulfate führt — das ist ihre lokale Reduktion im Stadium der Diagenese oder Epigenese der Sedimente. Dagegen sind die Prozesse unbekannt, die zum Leichterwerden des primär sedimentären Sulfatschwefels führen könnten. Deshalb wählte man bei der Konstruktion der Kurve der zeitlichen Veränderung der Schwefelzusammensetzung des ozeanischen Sulfats aus der Vielzahl der Isotopenanalysen die leichtesten Werte der Schwefelisotopen-Zusammensetzung aus und nahm an, daß eben diese die Zusammensetzung des Sulfatschwefels im Salzbecken am genauesten widerspiegeln.

Untersuchen wir eingehender beide Annahmen, die der Bestimmung der Schwefelisotopen-Zusammensetzung der alten Meere zugrunde liegen.

a) Beziehungen zwischen der Schwefelisotopen-Zusammensetzung der sedimentären Sulfate und der Schwefelzusammensetzung der Ozeanbecken

Man braucht nicht daran zu zweifeln, daß die Ausscheidung der Sulfate aus den wäßrigen Lösungen zu keiner bedeutenden Trennung der Schwefelisotope führt. Es bleibt jedoch die Frage offen, ob die Schwefelisotopen-Zusammensetzung des Salzbeckens der Schwefelzusammensetzung des Weltozeans entspricht. Salzführende Formationen entstehen innerhalb geschlossener oder halbgeschlossener Meeresbecken. Das Salzbecken wird durch eine chemische Zusammensetzung charakterisiert, die sich von der des Ozeanwassers unterscheidet. Es ist durchaus wahrscheinlich, daß im Bereich geschlossener Becken das für Ozeane normale dynamische Regime der Zufuhr von kontinentalem Schwefel und seiner Reduktion gestört wird, was zu einer Verschiebung der Isotopenzusammensetzung des Sulfatschwefels im Salzbecken führen kann. In einigen Fällen ist in innere Becken geschlossenen oder halbgeschlossenen Typs der Transport einer großen Menge von leichtem kontinentalem Schwefel durch Flüsse möglich. Im Ergebnis wird nicht das gesamte Sulfat, das mit den Wasserläufen der Oberfläche in das Salzbecken gelangt, das Stadium der biogenen Reduktion durchlaufen und sich in der Schwefelisotopen-Zusammensetzung leichter erweisen als das normale ozeanische Sulfat. Ein schönes Beispiel dafür bietet das Kaspische Meer.

Das heutige Kaspische Meer ist der Rest eines ausgedehnten Miozän-Pliozän-Beckens, das einstmals mit dem Schwarzen Meer und der Karpaten-Vorsenke zusammenhing. Im Quartär hat es die Verbindung mit dem Ozean vollkommen verloren. Die Isotopenzusammensetzung des Sulfatschwefels beträgt im heutigen Kaspischen Meer $+10{,}4‰$. Sie ist um ein ganzes Prozent leichter als die Zusammensetzung des Sulfatschwefels in den heutigen Ozeanen und entspricht genau der Zusammensetzung der Sulfate permischer Gesteine.

Das zu beobachtende Leichterwerden der Isotopenzusammensetzung des Sulfatschwefels im heutigen Kaspischen Meer (Abb.) wird offensichtlich dadurch hervorgerufen, daß diesem Becken durch solch große Flüsse wie Wolga, Ural, Terek und Kura eine große Menge leichten kontinentalen Schwefels zugeführt wird. Zugleich sind der Flachwassercharakter des Kaspischen Meeres und die geringe Menge an organischer Substanz in den Bodensedimenten für die Entwicklung einer intensiven Schwefelwasserstoffgärung ungünstig. Diese Umstände finden ihre Widerspiegelung in der Isotopenzusammensetzung des Sulfatschwefels.

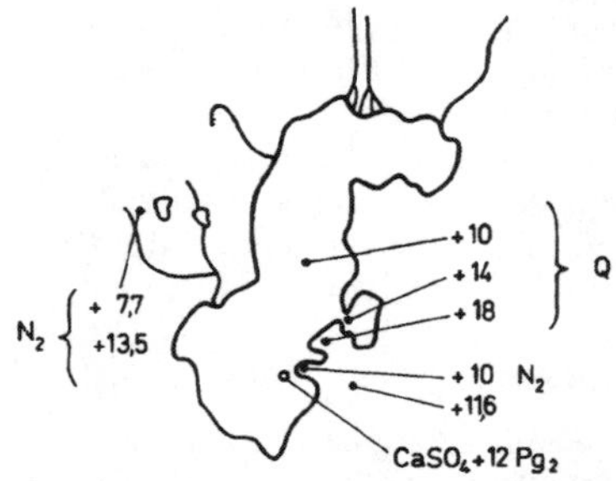

Abb. Schematische Lage der Bemusterungspunkte der Isotopenzusammensetzung des Sulfatschwefels im Becken des Kaspischen Meeres

Die Zahlen entsprechen den δS^{34} ‰-Werten.

Die Flächenabnahme des Kaspischen Meeres, die in letzter Zeit zu verzeichnen ist, wird von einer Versalzung der versumpften Flachküste begleitet. Das Grundwasser im Gebiet von Kum-Dag, etwa 100 km von der Meeresküste entfernt, hatte dieselbe Schwefelisotopen-Zusammensetzung von $+11{,}6‰$.

In einem anderen Aufsatz der Verf. wurde ausgeführt, daß die Akkumulation der Schichtenfolge von rotfarbigen Ablagerungen auf der Halbinsel Tscheleken ebenfalls aus ausgesüßten Meereswässern mit einer Schwefelisotopen-Zusammensetzung von etwa $+10‰$ erfolgt ist. Eine ähnliche Schwefelzusammensetzung wurde in den Wässern bestimmt, die die salz- und gipsführenden Formationen des Sarmats im Tal des Flusses Rasdan (Kaukasus) drainieren, das eine salinare Bucht des Miozänmeeres gewesen war. Schließlich enthielten sogar die Anhydritlagen in den die Rotgesteine unterlagernden marinen paläogenen Bildungen, die durch eine Bohrung im Gebiet der Halbinsel Tscheleken in etwa 2000 m Tiefe erschlossen wurden, Schwefel mit einer Isotopenzusammensetzung von 11,8‰.

Die angeführten Daten lassen darauf schließen, daß im Laufe der langen geologischen Zeit das große Meeresbecken durch eine homogene und konstante Schwefelisotopen-Zusammensetzung charakterisiert wurde, die sich von der Schwefelzusammensetzung des Weltozeans unterschied. Dieser Unterschied ist sowohl für die Zeit der vollkommenen Isolierung des Meeresbeckens vom Ozean (heutiges Kaspisches Meer) als auch für die Zeit seiner Verbindung mit dem Ozean (Miozän-Paläogen) charakteristisch. Diese Verbindung fand durch eine schmale Meerenge im westlichen Teil des Beckens statt. Anscheinend erfolgte in ihr die Hauptbewegung des Wassers auf das offene Meer zu, während der Gegenstrom des Ozeanwassers gering war. Auf jeden Fall machte sich in den östlichen Zonen des Meeres ein Einfluß von ozeanischem Zufluß praktisch nicht bemerkbar.

Es ist nicht ausgeschlossen, daß ähnliche Meeresbecken auch für das Perm charakteristisch waren. Ihre Isolierung vom Weltozean sowie ihr intrakontinentales Regime mit dem Zufluß einer großen Menge von süßen Oberflächenwässern und mit einer intensiven Verdunstung konnten die Hauptursache für die relative Verarmung der Sulfate an dem schweren Isotop S^{34} in permischen Meeren sein. Es fällt nicht schwer, sich die Bedingungen vorzustellen, unter denen in den einzelnen geschlossenen oder halbgeschlossenen Becken Sulfat mit einer schwereren Schwefelisotopen-Zusammensetzung entstehen wird als das Sulfat des normalen Ozeanwassers. Solche Bedingungen können durch eine intensive Entwicklung des organischen Lebens eintreten, wenn in die Salzbecken ein ständiger Zustrom von normalem Ozeanwasser erfolgt. Ein weiteres Schwererwerden des Schwefels im ozeanischen Sulfat geschieht durch seine intensive Reduktion im Salzbecken selbst.

Als Modell für diese Möglichkeit führen wir folgendes Beispiel an. An der Ostküste des Kaspischen Meeres liegt die bekannte Bucht Kara-Bogas-Gol, die durch einen schmalen Kanal mit dem Meer verbunden ist. Infolge der intensiven Verdunstung unter Wüstenklimabedingungen liegt der Wasserspiegel hier immer unter dem des Kaspischen Meeres, wobei durch den Verbindungskanal ein ständiger Zufluß kaspischen Wassers in die Bucht erfolgt. Die Verdunstungskonzentration führte dazu, daß das Wasser in der Bucht in Salzsole umgewandelt wurde, aus der sich verschiedene, hauptsächlich sulfatische Salze ausscheiden.

Die Isotopenzusammensetzung des Sulfatschwefels hat im Wasser der Bucht, 5 km von der Einmündung des Verbindungskanals entfernt, einen δS^{34}-Wert von $+14{,}4‰$, ist also fast um ein halbes Prozent schwerer als das Sulfat des Kaspischen Meeres, der Hauptquelle des Sulfatschwefels von Kara-Bogas-Gol. Südlich der Bucht zieht sich an der Küste des Kaspischen Meeres über etwa 50 km ein zusammenhängender Solontschak mit mächtigen Lagern von Halit und anderen Salzen hin. An der Südspitze des Solontschaks, im Gebiet der Siedlung Kuuli-Majak, hat sich in einem Sprengtrichter (seismische Untersuchungen) Salzsole angesammelt. Der Sulfatschwefel dieser Sole hatte einen δS^{34}-Wert von $18{,}1‰$. Man kann daher annehmen, daß die Bucht Kara-Bogas-Gol durch ein selbständiges dynamisches Reduktionsregime der Sulfate charakterisiert wird, das sich vom Regime des Kaspischen Meeres stark unterscheidet. Dadurch wird ein derartig großer Unterschied in der Isotopenzusammensetzung des Sulfatschwefels im Wasser der Bucht und des Kaspischen Meeres hervorgerufen.

Somit kann die Schwefelisotopen-Zusammensetzung in den sedimentären Sulfaten der des Weltozeans nicht entsprechen. Deshalb können die Schwankungen in der Schwefelzusammensetzung der Sulfate verschiedenen Alters nicht die Schwankungen in der Zusammensetzung des Sulfatschwefels des Weltozeans widerspiegeln, sondern nur die Veränderungen in den paläoklimatischen und paläogeologischen Verhältnissen der Kontinente. Im allgemeinen dürften wahrscheinlich die Zeiten globaler Regressionen (Perm, Neogen—Quartär) durch die Entwicklung geschlossener ausgesüßter Becken mit relativ leichtem Sulfatschwefel charakterisiert werden. Dagegen können für die Perioden der großen Transgressionen (Kambrium—Silur) halbgeschlossene Binnenmeere mit ständigem Frischwasserzufluß aus den offenen Ozeanen kennzeichnend sein (Modell Kara-Bogas-Gol). Unter diesen Bedingungen ist sehr wahrscheinlich ein relatives Schwererwerden der Sulfate in den Wässern der Binnenmeere zu erwarten.

Man muß berücksichtigen, daß die Menge an Ozeanwasser im Bereich der Kontinente sogar in den Perioden maximaler Transgressionen im Verhältnis zur gesamten Wassermasse des Weltozeans im allgemeinen gering war. Dieser Umstand läßt annehmen, daß sich die Schwankungen in der Isotopenzusammensetzung der Sulfate der Kontinentalmeere in der Zusammensetzung des Sulfatschwefels des Weltozeans gar nicht widerspiegeln können.

b) Beziehungen zwischen der Schwefelisotopen-Zusammensetzung der sedimentären Sulfate und der Schwefelzusammensetzung des Salzbeckens

Wie schon ausgeführt wurde, schwankt die Schwefelisotopen-Zusammensetzung im Bereich ein und derselben Salzformation oft bedeutend. Ein lokales Schwererwerden der Sulfate wird durch ihre Reduktion unter Bedingungen eines begrenzten Vorrats an Sulfaten erklärt, obwohl es nicht so leicht ist, sich solche Bedingungen in durchgehenden Gips- oder Anhydritserien vorzustellen. Noch schwerer ist es, das lokale Leichterwerden des Schwefels der sedimentären Sulfate zu erklären, wenn man die Möglichkeit einer Beimischung epigenetischer supergener Sulfate ausschließt. Eine vor kurzem durchgeführte Arbeit (WINOGRADOW & SARIZKI 1967) eröffnet anscheinend neue Wege zur Erklärung der zu beobachtenden Variationen in der Schwefelisotopen-Zusammensetzung der sedimentären Sulfate. Die Verf. untersuchten die Isotopenzusammensetzung des Schwefels in Barytkonkretionen aus Mergeln der Kiew-Stufe des Mittleren Paläogens. Die kugelförmigen Barytkonkretionen sind für diesen Horizont sehr charakteristisch. In ihrem Querschnitt sind zwei bis drei Ringzonen sichtbar, die sich durch die Intensität der Färbung unterscheiden. Die mergeligen Gesteine der Kiew-Stufe kamen in den Verhältnissen eines normalen marinen Regimes zur Ablagerung. Die Barytkonkretionen entstanden im Stadium der Frühdiagenese der Sedimente (SARIZKI 1958). Es wäre ganz natürlich, zu erwarten, daß sich die Schwefelisotopen-Zusammensetzung der Baryte durch große Konstanz sowohl innerhalb einer Konkretion als auch in benachbarten Konkretionen ein und desselben Mergelhorizonts auszeichnen würde. In Wirklichkeit schwankte sie in den untersuchten Barytkonkretionen in dem sehr breiten Bereich von $+13$ bis $+46‰$ (Tab.). Es ist keine bestimmte Gesetzmäßigkeit in der Verteilung der Schwefelisotope nach den Querzonen der Konkretionen festzustellen. Manchmal ist der Konkretionskern im Verhältnis zur Außenzone mit dem schweren Schwefelisotop angereichert, manchmal ist ein direkt entgegengesetztes Bild zu beobachten, manchmal schließlich bleibt die Schwefelzusammensetzung im Schnitt der Konkretion annähernd konstant.

Hierfür kann nur eine Erklärung gegeben werden. Im Stadium der Syngenese und Frühdiagenese der

Tab. Die Schwefelisotopen-Zusammensetzung in den Barytkonkretionen und Mergeln der Kiew-Stufe des Paläogens

Nr. der Probe	Zone der Konkretion	δS^{34}‰	S^{32}/S^{34}
1340	innere	+13,1	21,93
1341	äußere	+17,5	21,84
1342	Klüfte	+10,2	22,00
1343	innere	+14,1	21,91
1344	äußere	+23,2	21,72
1345	innere	+13,5	21,92
1346	mittlere	+14,9	21,89
1347	äußere	+15,9	21,87
1348	innere	+46,1	21,24
1349	äußere	+41,7	21,33
1350	innere	+39,4	21,38
1351	äußere	+14,2	21,91
0401	innere	+22,4	21,73
0400	äußere	+15,2	21,88

mergeligen Schlammablagerungen herrschte eine außergewöhnlich bunte Verteilung der einzelnen Abschnitte mit stark unterschiedlichen Reduktions-Oxydations-Verhältnissen. An derselben Stelle und zu derselben Zeit erfolgte eine Reduktion der Sulfate bei ihrem begrenzten Vorrat im Porenwasservolumen. Dabei entstand ein der Schwefelisotopen-Zusammensetzung nach stark beschwertes Sulfat. Zur selben Zeit fanden in dem benachbarten Abschnitt oder in demselben Abschnitt zur anderen Zeit eine Oxydation des eben entstandenen leichten Schwefelwasserstoffs und eine Vermischung des leichten Sulfats der Oxydation mit dem Sulfat der Porenwässer statt. Eben diese unterschiedliche Lokalität im Auftreten der Reduktions- und Oxydationsprozesse führte zu solch einem bunten Bild der Schwefelisotopen-Verteilung in den Barytkonkretionen.

Hierbei ist es sehr wichtig, folgende drei Umstände zu unterstreichen. Erstens: Die Reduktions- und Oxydationsreaktionen können in der Schichtenfolge der Schlammsedimente einen lokal eng begrenzten Bereich haben. Natürlich sind bei einer massenweisen Ausscheidung von Sulfaten die Bedingungen für eine Isotopenfraktionierung des Schwefels nicht so günstig, wie bei der Bildung der Barytkonkretionen, und die Grenzen in den Schwankungen der Schwefelisotopen-Zusammensetzung werden natürlich bedeutend enger sein. Zweitens: Diese Lokalität und Buntheit der Reduktions-Oxydations-Verhältnisse der Sedimentbildung kann im Habitus des Gesteins überhaupt nicht zum Ausdruck kommen. Das Fehlen von Eisen — dem wichtigsten Fixator des Sulfidschwefels — führt zu einem spurlosen Verschwinden des Schwefelwasserstoffs aus den Schlammlösungen in die Schichtenfolge der Ozeanwässer oder zu seiner nachfolgenden Oxydation. Drittens: Im Laufe der Sedimentbildung können sich der Reduktionsprozeß des Sulfats der Schlammlösungen zu H_2S und die abermalige Oxydation von H_2S zu SO_4^{2-} zyklisch wiederholen, was zu einer großen Mannigfaltigkeit der Schwefelisotopen-Zusammensetzung in den Sedimentgesteinen führt. Es ist nicht ausgeschlossen, daß dieser zyklische Prozeß eine der Ursachen für die Abweichungen in den Werten der Isotopenfraktionierung des Schwefels bei der Sulfatreduktion ist, die experimentell erhalten wurden und die in der Natur zu beobachten sind.

Somit darf man sich bei der Gegenüberstellung der Schwefelisotopen-Zusammensetzung der sedimentären Sulfate und der Schwefelzusammensetzung der Salzbecken nicht auf die extremen — minimalen oder maximalen — Werte der Isotopenzusammensetzung orientieren. Dem Anschein nach muß der mittlere oder der am häufigsten angetroffene Wert des Schwefelisotopenverhältnisses in den sedimentären Sulfaten der Schwefelzusammensetzung in den Sulfaten der Salzbecken am nächsten entsprechen. Zu demselben Schluß gelangten unlängst HOLSER & KAPLAN (1966).

Literatur

AULT, W. U., & J. L. KULP: Isotope geochemistry of sulfur. — Geochim. et Cosmochim. Acta, 16, 201—235 (1959).
HOLSER, W. T., & I. R. KAPLAN: Isotope geochemistry of sedimentary sulfates. — Chem. Geol., 1, 2, 93—135 (1966).
NIELSEN, H.: Schwefelisotope im marinen Kreislauf und das δS^{34} der früheren Meere. — Geol. Rdsch., 55, 160—172 (1966).
SARIZKI, P. J.: Die Barytkonkretionen im Kiewer Mergel des Donbass. — Dokl. AN SSSR, t. 123, Nr. 4 (1958).
THODE, H. G., & J. MONSTER: Die Verbreitung der Schwefelisotope in den Evaporiten und alten Ozeanen. — Chimija semnoj kory, t. II, Isd. Nauka, 589—600, Moskau 1964.
WINOGRADOW, W. I., & P. J. SARIZKI: Über die Schwefelisotopen-Zusammensetzung in den Barytkonkretionen der Kiewer Mergel. — Dokl. AN SSSR (im Druck).

Die Nutzung unterirdischer Kernexplosionen für die Vergrößerung der Erdöl-Erdgas-Abgabe von Lagerstätten

O. L. KEDROWSKIJ & K. L. MANGUSCHEW, UdSSR

Ein Hauptproblem der Erdölindustrie ist derzeit die Vergrößerung der Erdölabgabe aus den abzubauenden Lagerstätten. Trotz einer Reihe wichtiger Sekundärmaßnahmen (Fluten innerhalb und außerhalb der Kontur, thermische und thermochemische Einwirkung auf die Lager usw.) ist das Abbautempo von Erdöl- und Erdgaslagerstätten z. Z. noch sehr langsam. Die Erdölabgabe einer Lagerstätte liegt im Durchschnitt bei 34 bis 45% der Bilanzvorräte. Dies gilt praktisch für die Erdölindustrie der gesamten Welt.

Als Hauptursachen für die niedrige Erdölabgabe der Speichergesteine sind der negative Einfluß der Kapillarkräfte, die Makro- und Mikroheterogenität der Speichergesteine und ihre niedrige Permeabilität anzusprechen. Folglich richtet sich die Lösung des Problems auf die

Aus: „Geologija nefti i gasa", Nr. 12, 1967, S. 12—16.
Übers.: H. HOCKE, Berlin.

direkte oder indirekte Beseitigung dieser Ursachen. Das überschreitet oft die Möglichkeiten der in der Erdölindustrie bekannten Methoden. Sie zielen hauptsächlich auf die Erneuerung der energetischen Ressourcen in den Lagern (Fluten, Einpumpen verschiedener Verdrängungsmittel mit chemischen Zusätzen usw. in die Schicht) und auf eine gewisse Verbesserung der Schichtbedingungen (Säurebehandlung, Hydrosprengungen usw.) hin.

Als eine neue Methode dieser Art, durch die die Abgabeeigenschaften der erdöl- und erdgasführenden Speicher verbessert werden können, ist die Kernexplosion anzusprechen. In ihrem Ergebnis entstehen in den Gesteinen weithin entwickelte Systeme künstlicher Klüfte.

Das Interesse an Untersuchungen bei der Anwendung unterirdischer Kernsprengungen für die Erdöl- und Erdgasförderung stieg in den letzten Jahren erheblich. In den USA wurden Projekte dieser Art für eine Intensivierung der Erdgasentnahme aus Schiefern und Sandsteinen entwickelt (ANTONYDES 1959, GOVIER 1959, ANDERSON 1959, JOHNSON 1959, WOTKINS 1965 u. a.). Angaben über die Realisierung dieser Projekte gibt es zur Zeit noch nicht.

Aus der Analyse der Bildungs- und Exploitationsbedingungen der Erdöl- und Erdgaslagerstätten geht hervor, daß für letztere die Anwendung von Kernsprengungen, „Tarnsprengungen" (Camouflageexplosionen), möglich ist, d. h. von Sprengungen, die nicht zum Auswurf von Gesteinen führen. Die Bedingung der völligen „Tarnung" einer Explosion tritt ein bei entsprechendem Verhältnis des Gebirgsdrucks auf die Wandungen des Explosionsraums und des Drucks in diesem in dem Moment des Wiedereintreffens der von der Oberfläche reflektierten Stoßwelle auf die Wandungen. Man kann sie folgendermaßen formulieren (PARKINSON 1960):

$$L \geqq a \cdot \sqrt[3]{W}$$

Dabei sind L = minimal zulässige Tiefe für das Anbringen der Ladung von einer gegebenen Stärke, deren Explosion nicht zum Auswurf von Gesteinen führt, in m; W = Trinitrotoluoläquivalent (TNT-Äquivalent) der Kernladung, in kt; a = Koeffizient, der von den physikalisch-mechanischen Eigenschaften der Gesteine, ihrer Wassersättigung etc. abhängt. Näherungsweise kann man a mit 100 bis 150 annehmen.

Der Prozeß der Einwirkung einer Camouflageexplosion auf die umliegenden Gesteine wird in vier Phasen unterteilt; Phase der Kernreaktion, hydrodynamische Einwirkung, statische Einwirkung, Thermostrahlennachwirkungen (JOHNSON 1960a und b).

In der Phase der Kernreaktion mit einer Dauer von weniger als 1 mksec wird fast die ganze Energie der Explosion freigesetzt. Die Menge der augenblicklich freiwerdenden Energie beträgt hierbei bis zu 10^{15} kal oder $4{,}2 \cdot 10^{19}$ Erg für 1 kt Stärke der Kernladung. Die Anfangstemperaturen und der Druck am Explosionspunkt betragen in diesem Augenblick mehrere Millionen Grad und Atmosphären. So erreichte bei der Explosion „Rainier" der Druck einige Mikrosekunden nach der Detonation in der Explosionskammer 7 Mill. at, die Temperatur lag bei ca. 1 Mill. °C.

In der zweiten Explosionsphase findet eine Verdampfung und ein Schmelzen der die Kernladung umgebenden Gesteine mit Bildung eines anfänglich sphärischen Hohlraums durch die Komprimierung der geschmolzenen Gesteine statt. In dieser Zeit erfolgt unter Einwirkung der Stoßwelle eine Zertrümmerung der Gesteine in der unmittelbar an den Hohlraum angrenzenden Zone. Die zerstörende Wirkung der Stoßwelle nimmt mit wachsender Entfernung vom Explosionspunkt ab. In einem bestimmten Abstand, der von den sich bei der Explosion bildenden Zonen der Makro- und Mikroklüftung der Gesteine umgrenzt wird, geht sie in elastische Schwingungen des Mediums über.

Das Anwachsen des Hohlraums setzt sich über 15 bis 75 mksec so lange fort, bis der Druck in diesem gleich dem Gebirgsdruck in der Sprengungstiefe ist. Die Wandungen des Hohlraums sind im ersten Augenblick von einer Schicht geschmolzenen Gesteins bedeckt. Ein Teil davon rieselt auf den Boden herunter und erstarrt dort als unlösliche glasartige Masse.

In der Phase der statischen Einwirkungen bersten die Wandungen des Hohlraumes. Es kommt zum Auswurf von gasförmigen Explosionsprodukten, was zu einer schnellen Abkühlung des Hohlraums und zum Herunterfallen kalter Gesteinsstücke in ihn führt. Im Zusammenhang damit fällt auch der Druck innerhalb der Höhlung. Es kommt zum Einsturz des Hohlraums unter dem Druck der darüberliegenden Gesteine. Dabei bildet sich ein Einsturzkegel.

Die Dauer der Existenz des Hohlraums hängt hauptsächlich von den physikalisch-mechanischen Eigenschaften und dem Ausgangszustand der Gesteine ab, in denen die Sprengung stattfindet. In manchen Fällen beträgt sie Sekunden oder Minuten (Explosion „Rainier"), in anderen Stunden oder sogar Monate. So stürzte der Hohlraum bei der Explosion „Harthat", die in Granit erfolgte, nach 11 Stunden ein, der Hohlraum der Explosion „Gnom", die in einer Steinsalzserie angesetzt war, existierte über $1^1/_2$ Jahre.

In der Abschlußphase vollzieht sich der Einsturz der Gesteine, die über dem Hohlraum liegen, unter vollständiger Bildung aller Zonen der Gesteinszertrümmerung. Gleichzeitig erfolgen eine langsame Dispersion der Wärme und ein Zerfall der radioaktiven Produkte.

Der Radius des ursprünglichen Explosionshohlraums hängt von der Stärke der Ladung, von der Tiefe ihrer Anbringung und von den physikalisch-chemischen Eigenschaften der Gesteine ab, sowohl derer im Explosionspunkt als auch der überlagernden. Man kann das in folgender Gleichung ausdrücken (BOARDMAN 1964):

$$R_H = C \frac{W^{1/3}}{(p \cdot h)^{1/4}}$$

Hierbei bedeuten:

R_H — Radius des Hohlraums, in m;
W — Explosionsstärke, in kt;
h — Tiefe der Anbringung der Ladung in der Erde, in m;
ϱ — Dichte des überlagernden Gesteins, in t/m^3;
C — Koeffizient, der von den Eigenschaften der Gesteine, die das Explosionsmedium bilden, und vom Gehalt der dampfbildenden Komponenten in ihnen abhängt. Nach den Daten von 35 unterirdischen Kernsprengungen, die in verschiedenen Gesteinen erfolgten, bewegt sich der Wert von C zwischen 54,8 und 81,9 (BOARDMAN 1964).

Tabelle 1

Medium	Name der Sprengung	Stärke (W), in kt	Tiefe der Anbringung der Ladung	Dichte der überlagernden Gesteine (ϱ), in g/cm³	Radius des Hohlraums (R_H), in m	Höhe des Einsturzkegels der Gesteine (H), in m	$C = R_H \frac{(\varrho \cdot h)^{1/4}}{W^{1/3}}$	$K = \frac{H}{R_H}$
Tuff	„Rainier“	1,7	274	1,9	19,8	117,7	79,0	5,9
	„Logan“	5,0	283,5	1,8	28,0	134,1	77,9	4,8
	„Blanka“	19,2	301,1	1,8	44,2	301,1*	80,1	6,8
	„Antler“	2,46	402,0	1,9	19,8	90,5	76,7	4,6
	„Platt“	1,7	191,4	2,2	21,6	81,6	81,9	3,8
Alluvium	„Med“	0,43	181,1	1,8	11,3	unbekannt	63,4	–
	„Stillwater“	2,7	181,1	1,8	24,7	181,1*	74,9	–
	„Brezos“	7,8	256,3	1,8	27,7	256,3*	64,7	–
	„Simmaron“	11,2	304,8	1,8	32,6	304,8	70,5	–
Alluvium	„Gusik“	3,1	187,1	1,8	25,9	187,1*	76,1	–
Granit	„Hardhat“	5,0	286,2	2,7	19,2	85,6	59,1	4,5
	„Shoul“	12,5	267,4	2,7	25,6	108,5	62,1	4,2
Steinsalz	„Gnom“	3,1	360,9	2,3	17,4	unbedeutender Einsturz	63,6	–

* Die Zunahme des Einsturzkegels wird infolge des Austritts an die Oberfläche gestoppt.

Der Einsturzkegel hat eine grobzylindrische Form. Sein Radius ist annähernd gleich dem Radius des Hohlraums. Die Höhe hängt weitgehend von den physikalisch-mechanischen Eigenschaften und vom ursprünglichen Zustand der Gesteine ab, in denen die Explosion erfolgt. Sie ist mitunter 4- bis 7mal größer als der Radius des Hohlraums.

In Tab. 1 werden Angaben über die Abmessungen der Hohlräume und Einsturzkegel nach Auswertung der Ergebnisse von 13 unterirdischen Kernsprengungen gemacht.

Die Abmessungen der Zonen mit Makro- und Mikroklüftung der Gesteine hängen hauptsächlich von der Explosionsstärke und von den physikalisch-mechanischen Eigenschaften der Gesteine ab. Die größte Klüftung entsteht bei Sprengungen in Gesteinen, die zur spröden Zerstörung neigen. Dabei breiten sich die Klüfte in verschiedenen Richtungen auf verschiedene Weise aus. In Tab. 2 werden Angaben hierüber in bezug auf die Gesteine gemacht, in denen Sprengungen stattfanden (BOARDMAN 1964).

Die Untersuchung der Auswirkung von 35 unterirdischen Kernsprengungen ergab, daß sich die Zone der Gesteinszertrümmerung und der Makroklüftung wie folgt ausdehnt: nach oben, vom Explosionszentrum aus, in nicht weniger als (6 bis 8) · R_H; horizontal, vom Explosionspunkt und von der Achse des Einsturzkegels aus, (2 bis 3) · R_H; abwärts 1,5 · R_H.

Eine derartig ungleichmäßige Verteilung der Zertrümmerungszonen wird in erheblichem Maße durch den Einfluß der Oberflächeneffekte bestimmt. Die angeführten Daten beziehen sich auf Sprengungen, die in relativ geringen Tiefen (weniger als 600 bis 800 m) erfolgten. Mit zunehmender Tiefe der Kernexplosionen wird sich unserer Meinung nach die Asymmetrie der Zertrümmerungszonen ausgleichen.

Zieht man die Umstände und die Stärke der derzeitigen Kernsprengungen in Betracht, so kann man sagen, daß die Entstehung einer gutentwickelten künstlichen Klüftung in erdöl- und erdgasführenden Schichten ein sehr willkommener Faktor ist, dessen Vorhandensein die Bewegung von Erdgas und Erdöl erleichtert. Betrachtet man die auf diese Weise geschaffene Deformationszone der Gesteine als Exploitationsbohrung riesigen Durchmessers, so ist unschwer zu erkennen, daß der Zuflußbereich aus der produktiven Schicht durch diese „Bohrung“ um mehrere Ordnungen größer ist als bei den gewöhnlichen Bohrungen. Man kann also sowohl mit einer erheblichen Zunahme der laufenden Förderung von Erdöl und Erdgas als auch mit einer Vergrößerung des Abgabekoeffizienten der Lagerstätten durch die Verbesserung der Filtrationseigenschaften der Speichergesteine rechnen.

Mehr als die Hälfte der Energie bei einer Kernsprengung vom Camouflage-Typ wird in Form von Wärmeenergie freigesetzt. Wie schon gesagt wurde, erreicht dabei die Temperatur in der Explosionszone bedeutende Höhen. Infolge der sehr niedrigen Wärmeleitfähigkeit der Gesteine trägt die Wärmewirkung unterirdischer Kernsprengung nur lokalen Charakter und ist praktisch für die Zwecke der Erwärmung mächtiger Massive von erdölführenden Gesteinen nicht interessant. Jedoch erfordert das Vorhandensein beweglicher flüssiger und gasförmiger Agentien, die als Wärmeträger dienen können, zusätzliche Untersuchungen.

Die umfassendsten Beobachtungen über die Verteilung der Temperatur wurden bei der Sprengung „Rainier“ durchgeführt. Fünf Monate nach der Sprengung wurde in einer der abgeteuften Bohrungen eine Temperatur von 94°C registriert. Der Radius der Zone, in der sich die Gesteinstemperatur sprunghaft über das natürliche Niveau hinaus erhöht, wird durch die Abhängigkeit (nach Angaben in Tab. 3) bestimmt:

$$R_T = 24{,}7 \cdot W^{1/3}$$

Hierbei ist W — die Stärke der Kernexplosion, in kt.

Tabelle 2

Sprengungen	Radius des Hohlraums (R_H),m	Gesteine (Medium der Sprengung)	Maximale registrierte Spaltenausdehnung (F_{max}) über dem Explosionszentrum, in m	$\frac{F_{max}}{R_H}$
„Gnom“	17,4	Steinsalz	106,7	6,1
„Hardhat“	19,2	Granit	147,2	7,7
„Rainier“	19,8	Tuff	117,7	5,9

Die seismische Wirkung unterirdischer Kernsprengungen läßt sich ziemlich genau berechnen. Daher kann man ihre negativen Folgen auf ein Minimum reduzieren, wenn man die Stärke der Kernsprengung, die Tiefe und die Größenordnung der Sprengladung verändert. So wurden z. B. bei den unterirdischen Kernsprengungen „Gnom", „Salmon" u. a. ihre Wirkungen auf Bohrungen untersucht, die zwischen 285 bis 375 m und 8 bis 18,4 km von den Epizentren entfernt lagen, sowie auf die Ingenieurbauten an der Oberfläche in diesen Gebieten (Rohrleitungen, Überland-Stromleitungen, Wohn- und Produktionsstätten usw.). Im Versuchsgebiet kam es nicht zu Zerstörungen von Bohrungen und anderen Metallkonstruktionen.

Ein wichtiges Problem, das die breite Anwendung von Kernsprengungen in der Förderindustrie und im Bauwesen einschränkt, ist die Gefahr der radioaktiven Verseuchung der Atmosphäre des Arbeitsgebiets. Jedoch kann man, wie die Erfahrungen bei Kernsprengungen sogar in verhältnismäßig geringen Teufen ergaben, bei der Detailerkundung des geologischen Baues und des Arbeitsregimes der Erdöl- und Erdgaslagerstätten (mineralogische Zusammensetzung, Hydrogeologie, physikalisch-chemische Eigenschaften der Schichtfluida und Speichergesteine usw.), bei der richtigen Lösung der Konstruktionen der Kerneinrichtungen, der Explosionsbohrung und der Maßnahmen zum hermetischen Abschluß der Exploitationsbohrungen eine radioaktive Verseuchung der Atmosphäre, des Arbeitsgebiets und des zu fördernden Erdöls völlig vermeiden.

Aus dem Gesagten geht hervor, daß die Anwendung der unterirdischen Kernsprengungen neue, erfolgversprechende Perspektiven bei der Intensivierung des Abbaus von Erdöl- und Erdgaslagerstätten und bei der Vergrößerung ihrer Gas- und Ölabgabe eröffnet. Dabei ist es wichtig, hervorzuheben, daß mit der Anwendung gewaltiger Sprengungen eine rentable Förderung von Erdöl auch aus schwach durchlässigen Speichergesteinen möglich ist, die für gewöhnliche Abbaumethoden ungeeignet sind.

Es ist notwendig, zu betonen, daß durch die Schaffung eines umfangreichen Kluftsystems in erdgas- und erdölhaltigen Speichergesteinen qualitativ neue Bedingungen für eine effektivere Anwendung bekannter Sekundärmethoden entstehen, wie: der sich in der Schicht vorwärtsbewegende Brennherd, das Abpumpen verschiedener Wärmeträger, das Zuführen chemischer Lösungsmittel, das Einpressen von Gasen, das Fluten usw. Die Durchführung unterirdischer Kernsprengungen innerhalb bereits bestehender Bohrfelder ist ohne Beschädigung der Exploitationsbohrungen und Ingenieurbauten und ohne Strahlungsgefahr für die Bevölkerung und die Beschäftigten der Bohrfelder möglich.

Tabelle 3

Isothermen °C	Radien der Zonen erhöhter Temperaturen bei Kernsprengungen, in m			
	„Blanka"	„Logan"	„Rainier"	„Tomalpice"
20	73	58	30	–
40	36	30	24	–
60	–	24	17	–
80	–	21	9	–
R_T, in m	64	43	29	15
$\frac{R}{W^{1/3}}$, m/sek	24,1	25,0	4,7	36,9

Literatur

ANDERSON, C. C.: Awesome Recovery Promise. – Petroleum Engineer, Management, XXXI, Nr. 9 (1959).
ANTONYDES, L.: Atomic Blasting Mining Practice. – Part I, Engineering and Mining Journal, Febr., p. 159 (1959).
BOARDMAN, G. R., D. D. RABB & R. D. MOHRTHUR: Contained Nuclear Detonations in four media Geological factors in Cavity and Chimney formation. Proceedings of the Third Plowshare Symposium Engineering with Nuclear Explosives. – April 21, 22, 23, 1964.
GOVIER, G. W.: Project Oil Sand, Atomic explosion essentially heat mechanism. – Oil in Canada. Sept. 28, p. 36–41 (1959).
JOHNSON, G. W.: Mineral Resource Development by the Use of Nuclear Explosives. – Febr. 5, 1959.
– Bull. Atomic Scientists, 16, 5, 1960 (1960a).
– Nucleonics, 18, 7, 49, 1960 (1960b).
PARKINSON, L. T.: Possible Applications of Nuclear Energy to Mining. – Bergbauwissenschaften, Nr. 12, S. 289–292 (1960).
WOTKINS, I. W., C. C. ANDERSON, C. C. ATKINSON & B. T. JOKANSON: Erdöl und Kohle, Nr. 1, S. 45 (1965).
Underground Nuclear Blasts and Hazards. Applied Atomic, Jan. 14, Nr. 172, p. 18–21 (1958).
Can Underground Blast make Shale Oil competitive. – Oil and Gas Journal, 12 Jan., p. 57–59 (1959).
Atomic Blast Alberta O'Kaysoil Sand explosion. – Oil in Canada, 21 Sept., p. 14–15–21 (1959.)
Plowshare Projects Reviewed at Cleveland, Nucleonics, vol. 17, June, Nr. 6, p. 96–98 (1959).
Unterirdische Kernsprengungen. – Isd-wo AN (1962).
Report of Investigation. – Bureau of Mines U.S. Department of Interior, Nr. 6494, 18 (1964).
Project Dribble, Salmon Event, U.S. Bureau of Mines Bartlesville Petroleum Resarch Center. Bartlesville, Oklahoma, Tan., 1965.
World Oil, Nr. 2 (1965).
Oil and Gas Journal, Nr. I (1966).

Zu Fragen der Erdölerkundung in einigen arabischen Ländern

HANS HETZER, Berlin

Die Aggression Israels Mitte 1967 gegen die arabischen Staaten, von der direkt die VAR, Syrien und Jordanien betroffen wurden, hat erneut die außerordentliche Bedeutung unterstrichen, die das Erdöl für diese Staaten hat. Ein Blick auf die Weltbilanz der Erdölförderung und der Erdölvorräte zeigt sehr deutlich, an welcher Stelle die arabischen Länder stehen.

Von der Gesamtförderung an Erdöl im Jahre 1966 mit rd. 1 641 Mill. t wurden rd. 470 Mill. t, das sind 28,5%, in den arabischen Staaten gewonnen und davon wieder 364 Mill. t oder 22,2% in den arabischen Staaten des Nahen Ostens. Für 1967 hat sich bei einer Welterdölförderung von rd. 1 754 Mill. t die Förderung in den arabischen Staaten auf 491 Mill. t erhöht. Der prozentuale Anteil an der Welterdölförderung ist dabei, bedingt durch die Störungen infolge der israelischen Aggression, auf 28,1% zurückgegangen. Ohne diese Auswirkungen hätte der Anstieg der Erdölförderung 1967 gegenüber 1966 erheblich größer sein können.

Aufgeschlüsselt auf einzelne Länder ergeben sich die in Tab. 1 aufgeführten Förderzahlen (in kt).

Noch deutlicher wird die bedeutungsvolle Position der arabischen Staaten hinsichtlich der Verteilung der Erdölvorräte. Nach den Angaben der einzelnen Erdölgesellschaften bzw. Staaten betrugen die berechneten Welterdölvorräte (prooved reserves) Anfang 1966 rd. 53 Mrd. t. Durch die sehr intensiven Such- und Erkundungsarbeiten in den ver-

Eingang des Manuskripts in der Redaktion: 14. 5. 1968.

Tabelle 1.

	1966	1967
Saudi-Arabien	119456	127200
Kuweit	114355	118000
Libyen	72460	83500
Irak	67700	60500
Algerien	33253	38250
Neutrale Zone	22341	21700
Abu Dhabi	17313	19050
Qatar	13845	14900
VAR	6200	6400
Bahrein	3064	3400

Zum Vergleich seien noch die Zahlen der drei in der Welterdölförderung führenden Länder angeführt:

Tabelle 2.

	1966	1967
USA	409679	433400
UdSSR	267804	278800
Venezuela	175654	183450

schiedensten Gebieten hat sich diese Zahl trotz einer Förderung von mehr als 3,3 Mrd. t im Zeitraum 1966/67 um weitere 3,5 Mrd. t erhöht, wobei allein eine Zunahme der Vorräte um rd. 2,5 Mrd. t in den arabischen Staaten zu verzeichnen ist. Allerdings muß dabei berücksichtigt werden, daß die Ermittlung der Erdölvorräte in den einzelnen Ländern nach sehr verschiedenen Methoden erfolgt, so daß ihre Zusammenrechnung nur einen ungefähren Anhalt gibt.

An den Ende 1967 ausgewiesenen Gesamtvorräten von 56,5 Mrd. t sind nach den vorliegenden Angaben die Erdöllagerstätten in den arabischen Staaten mit rd. 32,3 Mrd. t, das sind 57,2%, beteiligt. Dabei sind in dieser Zahl noch lange nicht alle in den einzelnen Gebieten tatsächlich bekannten Vorräte erfaßt, sondern meist nur die Vorräte der in Förderung befindlichen Lagerstätten. Bezogen auf die einzelnen Staaten ergibt sich folgendes Bild in der Verteilung der Ende 1967 ausgewiesenen Erdölvorräte:

Saudi-Arabien	10,1 Mrd. t
Kuweit	9,6 ,, t
Irak	3,1 ,, t
Libyen	3,8 ,, t
Neutrale Zone	1,9 ,, t
Abu Dhabi	2,0 ,, t
Algerien·	890 Mill. t
Qatar	490 ,, t
Syrien	205 ,, t
VAR	200 ,, t

Neben den herausragenden Ergebnissen in Libyen und Algerien, wo Vorräte und Förderung in den zurückliegenden Jahren sprunghaft zugenommen haben, kommt der jüngsten Entwicklung in der VAR eine besondere Bedeutung zu. Die Höhe der Förderung und der Vorräte in der VAR erscheint im Vergleich mit den anderen Zahlen zunächst bescheiden. Hier ist aber vor allem von Bedeutung, daß in der VAR die Förderung in den zurückliegenden Jahren noch sehr gering war. Durch die Nationalisierung der Erdölerkundung und -gewinnung wurde aber ein Beispiel geschaffen, wie die arabischen Staaten ihre Erdölindustrie selbst in die Hand nehmen und entwickeln können. Mit der Bildung staatlicher Gesellschaften und staatlicher Forschungseinrichtungen wurden die Grundlagen für eine konzentrierte Erkundungstätigkeit geschaffen und dabei Erfolge erzielt, die die Richtigkeit des eingeschlagenen Weges beweisen.

Die Erdölförderung der VAR kam bisher aus Lagerstätten am Ost- und Westrand des Golfs von Suez. Erst in jüngster Zeit wurden im Südteil des Golfs auch die ersten Offshore-Lagerstätten erschlossen. Dabei waren bis 1966 an der Gesamtförderung mit etwa 70% Lagerstätten an der Ostküste des Golfs, am Westrand der Halbinsel Sinai beteiligt (s. Abb. 1). Eine besondere Bedeutung hatten hier die Lagerstätten „Belayim Land" und „Belayim Marine". Sie wurden erst 1964/65 entdeckt und erkundet, lieferten 1966 aber bereits nahezu die Hälfte der Erdölförderung der VAR. Die Aggression Israels im Juni 1967 zielte nicht zuletzt mit darauf ab, durch die Besetzung dieser Gebiete eine beträchtliche Störung und Rückwärtsentwicklung in der Erdölförderung der VAR zu erreichen.

Die VAR hatte sich das Ziel gestellt, auf der Grundlage der vor allem 1965/66 erreichten neuen Ergebnisse in der Erdölerkundung des Landes bis 1970 die Erdölförderung auf etwa 25 Mill. t jährlich zu steigern. Bei der Planung einer solchen schnellen, zunächst recht utopisch erscheinenden Entwicklung wurde davon ausgegangen, daß einmal im Gebiet des Golfs von Suez alle Voraussetzungen für das Auffinden weiterer großer Erdöllagerstätten vorhanden sind und zum anderen durch den Ende 1966 erfolgten erstmaligen Nachweis von Erdöl in der westlichen Wüste durch die Bohrung Alamein 1x, etwa 30 km südlich El Alamein, die Erdölhöffigkeit eines großen Gebiets bewiesen wurde.

Im südlichen Teil des Golfs von Suez wurde im ersten Halbjahr 1965 mit der Meeresbohrung „Morgan Marine 1" das „Morgan-Field" etwa in der Mitte des Golfs erschlossen. Diese Lagerstätte, die aus zwei 30 bzw. 150 m mächtigen Lagern besteht, liegt in einer durch seismische Messungen bestimmten Antiklinale im Miozän bei einer Teufe von 1700 bis 1800 m. Die ersten Teste erbrachten einen Erdölzufluß von 0,2 m³/min bzw. 1 m³/min aus den beiden Lagern. Durch eine forcierte Erkundung war es möglich, bereits im Mai 1967 eine Förderung von 300 kt/Monat zu erreichen und sie bis Oktober 1967 auf über 400 kt/Monat zu steigern. Dadurch wurde es der VAR möglich, den Ausfall der Erdölförderung aus den Lagerstätten an der Westküste der Halbinsel Sinai abzufangen und die Gesamtförderung 1967 auf der gleichen Höhe zu halten wie 1966. Ohne das Vorgehen Israels hätte die Erdölförderung der VAR 1967 bereits 10 Mill. t erreichen und überschreiten können.[1]

Der Nachweis von Erdöl in der westlichen Wüste der VAR mit der Bohrung Alamein 1x Ende 1966 war nach der Entdeckung der großen Erdöl- und Erdgaslagerstätten in Libyen und Algerien das herausragendste Ergebnis der Erdölerkundung der letzten Jahre in den arabischen Ländern. Die Bohrung Alamein 1x (Abb. 2) wurde bei einer Teufe von 2400 m in Kreide-Dolomit fündig und brachte einen Zufluß von rd. 1000 m³ Erdöl pro Tag. Damit wurde der Grundstein gelegt für den Beginn einer intensiven Erkundungstätigkeit in einem Gebiet von etwa 300000 km² Größe, das ist fast dreimal so groß wie die DDR, in dem bis jetzt nur 18 Bohrungen in größerer Teufe niedergebracht worden waren. Mit Hilfe der Sowjetunion wird seit Anfang 1968 in der westlichen Wüste ein umfassendes Erkundungsprogramm entwickelt, das mit Sicherheit in den nächsten Jahren zur Erschließung neuer großer Lagerstätten führen wird. Es ist zu erwarten, daß auch die VAR nach 1970 zum ständig steigenden Export von Erdöl übergehen wird.

Welche Möglichkeiten der arabische Boden überhaupt birgt, davon konnte sich Verf. 1967 bei einem Besuch der Erdöllagerstätte Kirkuk im Irak anläßlich des VI. Arabischen Erdölkongresses überzeugen. Diese Lagerstätte, die als eine der größten der Welt bezeichnet werden kann, wird gegenwärtig von einer kapitalistischen Erdölgesellschaft, der Iraq Petroleum Company (IPC), betrieben. Sie liegt etwa 250 km nördlich von Bagdad, nordwestlich der Stadt Kirkuk, und ist an eine etwa 100 km lange und 3 bis 5 km breite Antiklinalstruktur gebunden, die sich an der Erdoberfläche durch einen ausgeprägten Höhenrücken kenntlich macht. Der Bau der Struktur wird durch Überschiebungen und lokale Aufwölbungen kompliziert (Abb. 3). Von besonderer Bedeutung als Erdölfallen sind drei große, kuppelförmige Aufwölbungen (domes) im Streichen der Struktur.

Kirkuk gehört zur Ölprovinz des Mittleren Ostens, von der LEES bereits 1938 schreibt, daß hier die Ölakkumulation in einem gigantischen Ausmaß als Folge eines ungewöhnlich günstigen Zusammenwirkens aller Faktoren, die die Ölakkumulation beeinflussen, erfolgte. Die Lagerstätte liegt zusam-

[1] Im ersten Halbjahr 1968 wurde nach Petroleum Press Service schon eine Förderung von rd. 4,3 Mill. t erreicht.

men mit zahlreichen anderen in der südlichen Vortiefe des alpinen Orogens der Tauriden-Zagriden, die sich hier, beginnend in der östlichen Türkei, über Nordostsyrien, den nördlichen Teil des Iraks und die westlichen Gebiete Irans bis in den Persischen Golf erstrecken (Abb. 4). Die Lagerstätte Kirkuk wurde 1927 mit der ersten fündigen Bohrung „Baba Gurgur" entdeckt. Die in 500 bis 700 m Teufe liegenden Speichergesteine des Hauptlagers und zwei kleinerer Lager sind klüftige Kalksteine des Eozäns und Oligozäns mit Mächtigkeiten von 100 bis 130 m. Die Angaben über Porosität und Permeabilität schwanken außerordentlich und gehen teilweise sehr hoch, bedingt durch die starke Klüftigkeit der Kalksteine und durch unterirdische Auslaugungen. Ein weiteres Erdöllager wurde in 1500 m Teufe festgestellt.

Aus der Lagerstätte Kirkuk wurden bis jetzt über 500 Mill. t Erdöl gewonnen. Nach den bekannten Parametern kann abgeschätzt werden, daß weit mehr als diese Summe noch als gewinnbarer Vorrat in der Lagerstätte vorhanden ist und ein großer Teil der insgesamt für den Irak angegebenen Erdölvorräte aus der Lagerstätte Kirkuk kommt.

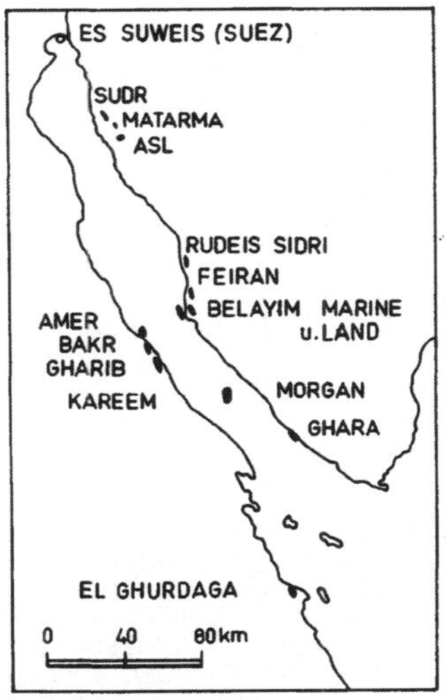

Abb. 1. Ölfelder im Golf von Suez

Geophysikalische Arbeiten wurden im Bereich der Lagerstätte nicht durchgeführt. Einer solchen Erscheinung begegnet man heute bei der Erdölerkundung in den arabischen Staaten natürlich nirgends mehr. Auch hier nimmt der Umfang der geophysikalischen Arbeiten ständig zu. In Kirkuk erfolgte das Ansetzen der Bohrungen lediglich auf der Grundlage einer geologischen Strukturkartierung. Bis jetzt sind insgesamt 173 Bohrungen niedergebracht worden, davon werden 57 als Produktionsbohrungen, 56 als Beobachtungsbohrungen und 6 als Wassereinpreßbohrungen genutzt, die übrigen wurden inzwischen abgeworfen.

Nach der Beschränkung der Konzessionen der IPC auf die fördernden Lagerstätten entsprechend dem Ölgesetz Nr. 80 des Iraks sind keine weiteren Erkundungsarbeiten durchgeführt worden. Es werden nur noch vereinzelt Bohrungen zu Produktions- oder Beobachtungszwecken niedergebracht. Ihr Abteufen bis durchschnittlich 700 m dauert 12 Tage. Als Spülung werden bis kurz vor dem Speicher Wasser oder leichte Tonspülung, danach reine Erdölspülung verwendet. Die Kosten für eine Produktionsbohrung bis 700 m Teufe betragen etwa 30000 engl. Pfund. Vergleichsweise dazu liegen die Kosten für das Abteufen einer Erkundungsbohrung in einem neuen Gebiet bis 3000 m nach den beim Besuch der Lagerstätte erhaltenen Angaben bei etwa 1 Mill. engl. Pfund.

Die Förderung der einzelnen Sonden auf der Lagerstätte Kirkuk ist sehr unterschiedlich, die höchste wird mit 14000 t/Tag angegeben. Der Abstand der Produktionsbohrungen beträgt 1 bis 10 km. Der Schließdruck der Sonden liegt bei 6

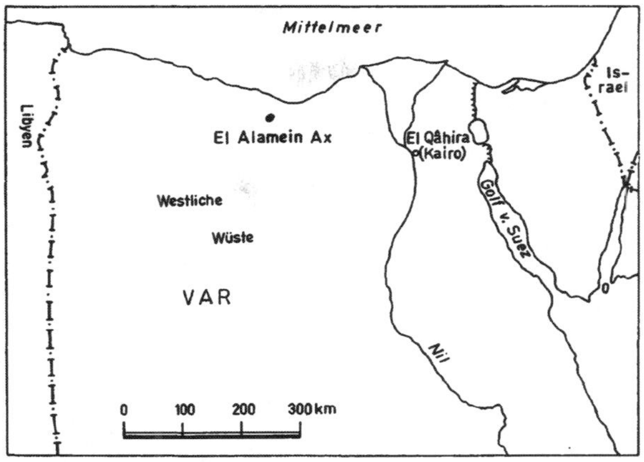

Abb. 2. Erster Erdölfund in der westlichen Wüste der VAR
(lies: El Alamein 1x)

bis 8 at. Das Gas:Öl-Verhältnis beträgt etwa 29:1. Dieses niedrige Gas:Öl-Verhältnis ist durch Undichtheiten im Deckgebirge (Kalksteine, Anhydrite, Tone des Miozäns und Pliozäns) und durch das ständige Ausströmen von Gas an der Erdoberfläche bedingt. Das Erdöl ist stark schwefelhaltig; der H_2S-Gehalt im Begleitgas wird mit 18 bis 20% angegeben.

Die notwendige Förderenergie wird der Lagerstätte ausschließlich durch Wassereinpressen zugeführt; Pumpförderung konnte an keiner Stelle beobachtet werden. Die Wassereinpreßanlage auf der Lagerstätte Kirkuk wird als die größte der Welt bezeichnet. Das erforderliche Wasser wird dem Fluß Zab an einem eigens dafür errichteten Staudamm durch sieben Pumpen mit einer Leistung von je 22,7 m^3/min entnommen. Die Wasseraufbereitung erfolgt in sechs Tanks mit einem Fassungsvermögen von je etwa 6500 m^3. In diesen Tanks wird das Wasser geklärt und chemisch behandelt. Der Gehalt des Wassers an löslichen und unlöslichen Bestandteilen ist je nach der Jahreszeit unterschiedlich; er liegt zwischen 0,01 und 0,1%. Zur Ausfällung der löslichen Bestandteile wird Aluminiumsulfat zugegeben, je nach Beschaffenheit des Wassers und Kapazitätsauslastung in einer Menge von 5 bis 20 t täglich. Nach einer Druckfilterung ist das Einpreßwasser vollkommen frei von unlöslichen Bestandteilen, der Gehalt an löslichen Bestandteilen liegt bei 0,04 ppm.

Das Einpressen des Wassers erfolgt mit drei Gasturbinen mit einer Leistung von je 45 m^3/min bei einem Druck von 42 at. Damit ist eine maximale Einpreßleistung von 190000 m^3/d möglich. Die Menge des eingepreßten Wassers

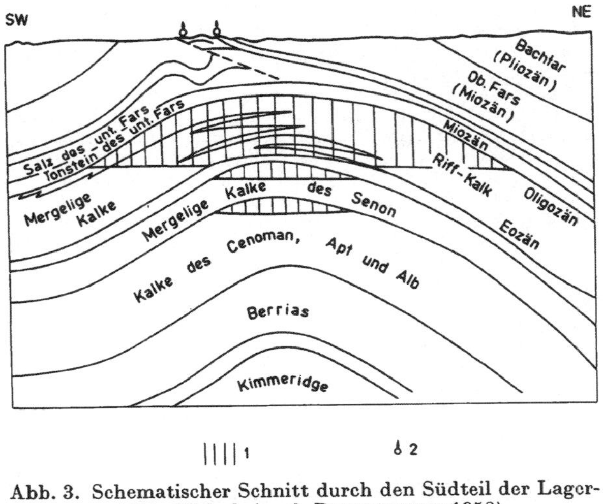

Abb. 3. Schematischer Schnitt durch den Südteil der Lagerstätte Kirkuk (nach DUNNINGTON 1958)
1 — Erdöllager; 2 — Erdgasaustritte

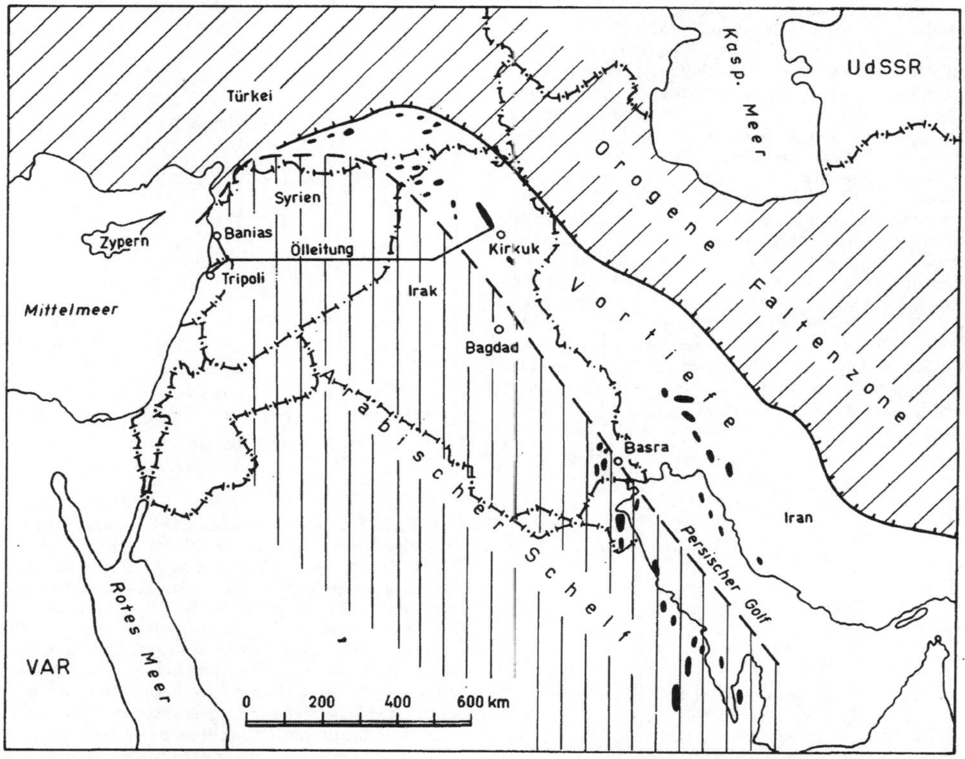

Abb. 4. Schematische Skizze zur tektonischen Situation der Erdölfelder des Mittleren Ostens
tiefschwarz — Erdöllagerstätten

richtet sich strikt nach der zu entnehmenden Ölmenge; auf 1 m^3 Öl muß 1 m^3 Wasser eingepreßt werden. Am verblüffendsten ist die Tatsache, daß das Einpressen nur über sechs Sonden erfolgt, die in der Mitte der Lagerstätte stehen und von denen aus der Einpreßeffekt über 40 bis 45 km im Streichen der Struktur nach beiden Seiten reicht.

Das Erdöl aus den einzelnen Sonden wird sieben Separatorenstationen zugeführt, in denen der Druck auf 4 at reduziert wird. Durch die Entgasung verringert sich der H_2S-Gehalt im Erdöl auf etwa 0,4%. Das in einer Menge von weit über einer Mill. m^3 pro Tag anfallende Gas wird zur Zeit noch zum größten Teil abgefackelt. In Bau befindet sich gegenwärtig eine Schwefelanlage, nach deren Fertigstellung aus dem schwefelhaltigen Erdölbegleitgas etwa 500 t Schwefel täglich mit einer Reinheit von 99,7% S gewonnen werden sollen. Das so gereinigte Erdgas soll dann über eine Fernleitung nach Bagdad geführt werden. Die geplante Fördermenge liegt bei 1,1 Mill. m^3/d.

Die sieben Separatorenstationen haben eine Kapazität von je 21000 bis 28000 t Erdöl pro Tag; die Gesamtkapazität liegt bei 150000 t pro Tag. Damit können aus der Lagerstätte Kirkuk maximal rd. 53 Mill. t Erdöl pro Jahr gefördert werden, 1966 betrug die Förderung rd. 42 Mill. t.

Zur weiteren Reduzierung des Schwefelgehalts wird das Erdöl in einer besonderen zentralen Aufbereitungsanlage bearbeitet, die durch Erdölleitungen mit allen Separatorenstationen verbunden ist. Für die Reinigung des Öls sind zum großen Teil „Stabilisatoren" eingesetzt, in denen es auf 120 °C erhitzt wird. Daneben gibt es auch sogenannte „cold strippers", in denen das Öl mit schwefelfreiem Erdgas aus der benachbarten Lagerstätte Jambur gewaschen wird.

Der Transport des Erdöls erfolgt über Erdölleitungen von 850 bzw. 890 km Länge nach den Erdölhäfen Tripoli (Libanon) und Banias (Syrien) am Mittelmeer. Die in Kirkuk befindliche Pumpstation besteht aus 11 Elektropumpen mit einer Leistung von je 8 Mill. t/Jahr, zwei Gasturbinenpumpen mit einer Leistung von je 26 Mill. t/Jahr und 28 Tanks mit einem Fassungsvermögen von insgesamt 0,6 Mill. t Erdöl. Entlang der Erdölleitung befinden sich in Abständen von 100 bis 150 km weitere Pumpstationen.

Der gesamte Betrieb der Wassereinpreßanlage, der Erdölaufbereitungsanlage und der Pumpstation wird automatisch gesteuert. Neben diesen Anlagen zur Gewinnung, Aufbereitung und zum Transport des Erdöls befinden sich in Kirkuk weitere Hilfseinrichtungen, wie Kraftwerk, Transportbetrieb, Straßenbaubetrieb, Wartungs- und Reparaturwerkstätten, Entwicklungsbüro, Datenverarbeitungsanlage (mit Rechner IBM 1401), Materiallager, Kantine, Krankenhaus u. a. Insgesamt sind im Unternehmen Kirkuk der IPC rd. 5500 Beschäftigte tätig, davon gehören rd. 450 zur Verwaltung (management) mit einem Anteil von 10% Ausländern, meist Engländern.

Neben Kirkuk sind im Irak die Erdöllagerstätten von Zubair und Rumaila von Bedeutung, aus denen 1966 rund 22 Mill. t Erdöl gewonnen wurden. Diese Lagerstätten liegen im Südostteil des Iraks, südwestlich von Basra, in der Nähe des Persischen Golfs, und werden von der kapitalistischen „Basra-Petroleum-Company", einer Tochtergesellschaft der IPC, betrieben. Die Hauptlager der Lagerstätten liegen in zwei N—S streichenden Antiklinalen in etwa 3500 m Teufe in einem Sandsteinkomplex des Hauterive und Barrême, der sogenannten „Zubair-Formation", der von dunklen Tonsteinen der gleichen Stufe abgedeckt wird. Innerhalb dieses rd. 100 m mächtigen Sandsteinkomplexes wurden mit einer effektiven Mächtigkeit von etwa 70 m vier Erdöllager angetroffen, die durch Tonsteinlagen voneinander getrennt sind. Die Porosität liegt in Rumaila im Durchschnitt bei 25%, die Permeabilität bei 1000 md. In Zubair betragen die Werte 20% bzw. 250 bis 400 md. Das Erdöl ist sehr stark gasuntersättigt, so daß im Hauptlager eine Gaskappe völlig fehlt. Erst in einem weiteren, vom Hauptlager durch eine 70 m mächtige Tonstein-Serie getrennten tiefergelegenen Lager ist eine große Gaskappe ausgebildet. In den höheren Teilen der Antiklinalen finden sich weitere kleine Lager in der obersten Kreide und im Tertiär, die jedoch ökonomisch unbedeutend sind.

Sowohl innerhalb als auch außerhalb der Erdölreviere von Kirkuk und Basra wurden durch Bohrungen an zahlreichen anderen Stellen Erdöl- und Erdgasanzeichen festgestellt, die die Einschätzung zulassen, daß auch im Irak mit einer zielgerichteten Erkundungstätigkeit weitere große Lagerstätten nachgewiesen werden können. Seit 1961, dem Jahr, in dem durch eine fortschrittliche Erdölgesetzgebung der IPC alle Konzessionen bis auf die Förderung aus bereits in Betrieb genommenen Lagerstätten entzogen wurden, ruhte die Erdölerkundung im Irak. Während dieser Zeit wurde jedoch eine eigene nationale Erkundungsorganisation, die „Iraq National Oil Company" (INOC) aufgebaut, die, wie aus jüngsten Pressemeldungen hervorgeht, jetzt mit sowjetischer Unterstützung die Erkundungstätigkeit aufnimmt. Sie findet ein breites Betätigungsfeld, da z. B. im Gebiet von Basra, angrenzend an die Lagerstätten Rumaila, neue Lagerstätten bereits bekannt sind und sich auch die anderen höffigen Gebiete durch eine neue ökonomische Bewertung noch erweitern werden; denn bis 1961 bestand die Erkundungspraxis der IPC getreu dem kapitalistischen Streben nach Maximalprofit darin, die Grenze für die Einschätzung der Wirtschaftlichkeit eines neuen Erdölfundes mit 140 t/Tag festzulegen, d. h., alle neuen Gebiete oder Strukturen, in denen eine Bohrung weniger als 140 t Erdöl pro Tag erbrachte, wurden als unwirtschaftlich bezeichnet und nicht weiter erkundet. Vor der INOC stehen komplizierte Probleme, wie sie in unterschiedlichem Maße auch vor allen nationalen Gesellschaften in anderen arabischen Ländern stehen werden; denn mit der Erkundung neuer Lagerstätten allein sind die Aufgaben noch nicht gelöst, da sich heute noch die gesamte Förderung, der Transport und der Vertrieb von Erdöl in den Händen kapitalistischer Gesellschaften befinden.

Zur Koordinierung ihrer Anstrengungen bei der Erschließung ihrer nationalen Reichtümer finden sich in regelmäßigen Abständen Delegationen der arabischen Staaten zu den Arabischen Erdölkongressen zusammen. Die Entschließungen des VI. Arabischen Erdölkongresses, der im März 1967 in Bagdad stattfand, haben auch über ein Jahr nach der israelitischen Aggression nichts an Aktualität eingebüßt. In ihnen heißt es:

„Die Delegationsleiter der arabischen Staaten und Emirate bringen die Entschlossenheit ihrer Regierungen zum Ausdruck, ihre Anstrengungen zur Entwicklung der arabischen Erdölindustrie fortzusetzen, um weiterhin zur Förderung der sozialen und ökonomischen Entwicklungspläne der arabischen Welt beizutragen. Sie unterstreichen die Bedeutung des Öls als Beitrag zur Förderung der Angelegenheiten Palästinas und bei der Rückführung seiner Menschen in ihr widerrechtlich besetztes Vaterland...".

„Der Kongreß empfiehlt, daß sich die arabischen Staaten, die den Willen und das notwendige Potential zur Entwicklung einer arabischen Erdölgesellschaft haben, mit der Entwicklung der Erdölindustrie und ihren verschiedenen Stufen befassen, um die Einkünfte aus dem Erdölexport für die arabischen Länder zu steigern, um die Effektivität und die Einflüsse der arabischen Länder auf dem Gebiet der Produktion, der Industrialisierung, des Transportwesens und des Marktwesens zu erhöhen...".

Das Beispiel der VAR zeigt bereits, welche Erfolge bei einer konsequenten Realisierung solcher Aufgaben erzielt werden können.

Literatur

AL NAQIB, K. M.: Geology of the Arabian Peninsula-Southwestern Iraq. — Geol. Survey Prof. Paper 560—G, U.S. Government Print. Off., Washington 1967.

BOWERMAN, J. N.: Petroleum Developments in North Africa in 1966. — Amer. Assoc. Petrol. Geol. Bull., 51, 1564—1586 (1967).

DUNNINGTON, H. V.: Generation, migration, accumulation and description of oil in Northern Iraq. — Rasprostranenije nefti, Moskau 1961 (russ.). Übers. L. G. WEEKS: Habitat of oil. — Amer. Assoc. Petrol. Geol. Symp. (1958).

ILHAN, E.: Toros — Zagros — folding and its relation to Middle East Oil Fields. — Amer. Assoc. Petrol. Geol. Bull, 51, 651—667 (1967).

LEES, G. M.: The geology of the oil field belt of Iran and Iraq. — The science of petroleum, v. 1, London 1938.

Welterdölförderung, -reserven und -verarbeitung 1967. — Erdöl u. Kohle, 21, 446—447 (1968).

Die Effektivität des Erkundungsbohrens in großen Tiefen in den USA

W. I. SOKOLOW & M. I. LODSHEWSKAJA, UdSSR

In den letzten Jahren ist in der Erkundung auf Öl und Gas in den USA die Zahl der übertiefen Bohrungen beträchtlich angewachsen. Im Jahre 1960 hat sich die Anzahl der Bohrungen über 4500 m verdoppelt. In eben demselben Zeitraum stieg die Anzahl der erfolgreichen Tiefbohrungen auf das 4fache. In den Jahren 1964 und 1965 kam es zur Entdeckung großer Gaslagerstätten in großen Tiefen des Perm-Beckens und des Western Interior Basin. Das Interesse an diesen und anderen Senken regte die Entwicklung von Bohrungen in Tiefen von 6000 bis 7000 m an.

In der Gesamtmenge fündiger Bohrungen, die in den USA bis zu einer Tiefe von 4500 m und darüber hinaus niedergebracht wurden, überwiegen Erdgas- und Gaskondensatbohrungen. Von den fündigen, seit 1949 bis 1964 niedergebrachten Bohrungen lieferten 68% Erdgas und 32% Erdöl. Analog dazu ergaben von 115 produktiven Erkundungsbohrungen, die in der Zeit von 1960 bis 1965 niedergebracht wurden, 84 Erdgas (73%) und 31 Erdöl (27%) (Tab. 1).

Aus „Geologija nefti i gasa", 11/1967, S. 67—71. Text unwesentlich gekürzt.
Übers.: K. NIEMANN, Berlin.

Bohrungen in großen Tiefen sind in den USA hauptsächlich auf drei Bezirke konzentriert: das Perm-Becken, das Western Interior Basin und das Küstengebiet des Golfs von Mexiko. In diesen Bezirken wurden bis Anfang 1966 466 derartige Bohrungen niedergebracht. Außerdem wurden übertiefe Bohrungen in der Provinz des Felsengebirges (7, davon 2 produktiv), in Kalifornien (12, davon 2 produktiv) und in Alaska (3, davon 2 produktiv) niedergebracht, ferner eine produktive Bohrung im Williston-Becken, zwei nichtfündige Bohrungen im Appalachen-Becken.

Das Perm-Becken

Von 1960 bis 1965 wurden 42 Erkundungsbohrungen bis über 4500 m abgeteuft. Von ihnen sind 22 (52,5%) produktiv, davon 17 mit Erdgas (77%) und 5 mit Erdöl (22,8%). Die Effektivität nimmt mit wachsender Teufe zu, wobei sich die Anzahl der Erdölbohrungen stark verringert, aber die der Erdgasbohrungen ebenso stark anwächst. In Teufen über 6000 m wurden praktisch nur Lager von trockenem Methangas nachgewiesen. Durch übertiefe Bohrungen wurden im Perm-Becken,

Tabelle 1

Becken	insgesamt niedergebrachte Bohrungen in den Jahren 1960 bis 1965	Anzahl der Bohrungen	%	Erfolg des Bohrens: auf Erdöl Anzahl der Bohrungen	%	auf Erdgas Anzahl der Bohrungen	%
Perm-Becken (Gebiet des südöstl. Neu-Mexiko, Texas)	42	22	52,3	5	22,8	17	77,2
Western Interior Basin (Oklahoma, Texas, Colorado)	43	16	37,2	2	18,9	13	82,1
Golfküste (Louisiana, Texas, Mississippi)	381	70	18,4	20	28,5	50	71,5
Provinz des Felsengebirges (Wyoming, Utah)	7	2	28,5	1	50	1	50
Appalachenvorland-Becken (Pennsylvania und Westvirginia)	2						
Kalifornien	12	2	16,6	1	50	1	50
Alaska	3	2	66,6	–	–	2	100
Williston-Becken (Norddakota)	1	1	100	1	100	–	–
Insgesamt	491	115	23	30	27	84	73

das früher vorwiegend als erdölführend galt, in den Becken von Delaware und Valverde acht mächtige Erdgaslagerstätten mit Gesamtvorräten über 350 Mrd. m^3 entdeckt (Tab. 2). Dieser Bezirk ist einer der wichtigsten erdgasführenden Bezirke des Landes.

Alle Erdgaslagerstätten sind an die Kalk-Dolomit-Serie der Ellenburger Formation (Kambrium—Ordovizium) gebunden. Die Porosität der Speichergesteine auf der Lagerstätte Hamon wird auf 1,5 bis 1,7%, auf der Lagerstätte Gomez auf 3% geschätzt (hauptsächlich Klüftigkeit). Die Mächtigkeit der produktiven Folge der Lagerstätten Gomez und Worsham-Bayer beträgt 300 bis 420 m, der Lagerstätte Hamon 210 bis 390 m.

Zwei Aufschlußbohrungen auf den Lagerstätten Worsham-Bayer und Hamon erwiesen sich als die ergiebigsten des nordamerikanischen Kontinents. Ihre Fördermengen erreichen 9,9 Mill. m^3/d (d = 24 Std.). Die Erkundung der tiefen Horizonte der Senken von Delaware und Valverde ergibt große Perspektiven für die Entdeckung neuer großer Lagerstätten.

Western Interior Basin

Von 1960 bis 1965 wurden hier 43 Erkundungsbohrungen auf Teufen über 4500 m niedergebracht. Von ihnen waren 16 (37,2%) produktiv, darunter 13 mit Erdgas (81%) und 3 mit Erdöl (19%). Auch hier sind eine Zunahme der Ergiebigkeit mit wachsender Teufe und starkes Vorherrschen von Erdgasbohrungen gegenüber Erdölbohrungen zu bemerken, beginnend mit Teufen um 4000 m. Im Intervall 5200 bis 6000 m fehlen die Erdöllagerstätten. Die tiefsten gasführenden Horizonte wurden auf fünf Feldern erschlossen: Gageby-Creek, North Custer City, Chetwood-field, Carter und Molleti. Auf den Lagerstätten Gageby-Creek, North Custer City und Molleti wurden Lager von trockenem Erdgas in Karbonatschichten des Hunton (Silur) und Arbuckle (Kambrium—Ordovizium) in Teufen unter 5100 m nachgewiesen. Es wurde eine Ergiebigkeit von 11 Mill. Kubikfuß pro Tag (300000 m^3/d) erreicht. Auf den Lagerstätten Carter North, Chetwood-field sowie Gageby-Creek war der Simpsonsand (Ordovizium) produktiv. Gegenwärtig werden in der Anadarko-Senke fünf Bohrungen mit projektierten Teufen von 5100 bis 6600 m niedergebracht. Die amerikanischen Geologen setzen große Hoffnungen auf das Western Interior Basin und nehmen an, daß die Erdgasvorräte der Anadarko-Senke möglicherweise in kurzer Zeit die des Delaware-Beckens überholen.

Die Golfküste

In diesem Gebiet wurde die größte Anzahl tiefer Erkundungsbohrungen niedergebracht (381). Jedoch war der Erfolg der Bohrungen hier geringer als im Perm-Becken und Western Interior Basin. Erdgasbohrungen überwiegen auch hier. Von 70 produktiven Bohrungen sind 20 Erdöl- und 50 Erdgasbohrungen (28,5 bzw. 71,5%). Jedoch wurden hier im Gegensatz zum Perm-Becken und zum Western Interior Basin industrielle Erdölzuflüsse in einer Reihe von Fällen ab Teufen über 6000 m erhalten (Lake Barre, Richardson, Süd-Louisiana).

Die Ergebnisse der übertiefen Bohrungen in den USA sind vor allem durch die hohe Fündigkeitsrate bemerkenswert. Der Anteil der produktiven Bohrungen hat sich mit zunehmenden Teufen erhöht und erreicht für die USA im ganzen 30%, aber für das Perm-Becken und das Western Interior Basin 73% bzw. 50%. Es ist sehr wahrscheinlich, daß in großen Tiefen der Prozentsatz der produktiven Fallen, auch der Grad ihrer Füllung, unvergleichlich höher ist.

An den guten Speichereigenschaften der Gesteine in großen Tiefen bestehen Zweifel. Diese entbehren nicht der Grundlage, besonders hinsichtlich der Porosität der polymikten und karbonatischen Gesteine. Tatsächlich übersteigt die Porosität der karbonatischen Speichergesteine des Perm-Beckens und der karbonatischen

Tabelle 2

Lagerstätten	Erdgasvorräte Mrd. m^3	Teufe m
Gomez	98,05	6625
Coyanosa	87,73	6000
Hamon	42,45	6136–6288
Worsham-Bayer	33,96	6000–6100
Waha und West Waha	28,3	5332
JM	24,6	4100
Toro	22,64	6025–6392
Grey Ranch	14,15	4400

sowie sandigen Speichergesteine des Interior Basin der USA nicht 1,5 bis 7%. Jedoch erwiesen sich die nachgewiesenen Lager als sehr groß, und die Permeabilität ist sehr hoch. Nach den in der Literatur vorhandenen Angaben spielen die Klüftigkeit, die sekundären Hohlräume und die Porosität der karbonatischen Gesteine eine große Rolle. Es wird vermutet, daß sich in Teufen von 4500 bis 7500 m die Speichereigenschaften der Karbonatgesteine keineswegs verschlechtern, sondern infolge der Lösung der Karbonate durch heiße Schichtfluide verbessern.

Wegen der großen Erfolge bei der Erkundung tiefer Horizonte wird in den nächsten Jahren eine weitere Aktivierung des Bohrens auf Teufen bis zu 7,5 km in den Staaten Wyoming, Alaska, Kalifornien, Louisiana und im Wasserbecken des Golfs von Mexiko erwartet.

Die prinzipielle Bedeutung der behandelten Ergebnisse übertiefer Bohrungen in den USA besteht darin, daß in allen Fällen mit wachsender Tiefe Erdöllager durch Gaskondensatlager und dann durch Erdgaslager abgelöst werden. Die untere Grenze vorwiegender Erdölführung und die obere Grenze vorwiegender Erdgasführung sind durch die Bohrergebnisse genügend genau in Teufen von ungefähr 4000 m fixiert. Einzelne wirtschaftliche Erdöllager lassen sich bis zu 6000 m und mehr im Gebiet der Golfküste und Kaliforniens verfolgen, d. h. in Gebieten mächtiger känozoischer Sedimentation. Jedoch haben sie auch hier eine untergeordnete Bedeutung. Das Bohren in große Tiefen in den alten, vorzugsweise erdölführenden Provinzen der USA führte zur Entdeckung neuer großer erdgasführender Gebiete und veranlaßte die amerikanischen Geologen, die ursprünglichen Einschätzungen der Gasressourcen im Innern der tiefen Senken zu überprüfen. So werden die Erdgas- und Kondensatressourcen der tiefen Teile der Anadarko-Senke, die insgesamt ungefähr 3500 km² umfaßt, gegenwärtig auf 1372,7 Mrd. m³ Erdgas und 158 Mill. t Kondensat geschätzt.

Literatur

BURKE, R. G.: Gas reserves looming in the Delaware. — Oil and Gas, 24 (1966).
— Oil and Gas, 43 (1966).
— Oil and Gas (1961—1966).
LANNDES KENNETH, K.: Eometamorphism can determine Oil floor. — Oil and Gas, 18, 172—174, 177 (1966).
— Is the "Song of Plenty" a Siren Song?. — Oil and Gas, 24 (1963).
— Deeper exploration is in store. — Oil and Gas, 11, 120, 125 (1963).

Die Herstellung von Anschliffen aus Aufbereitungsprodukten von Altenberger Erzen

Körnerpräparate von 10 bis 1000 μm

GERHARD SCHLEGEL, Altenberg

1. Problemstellung

Die Altenberger Zinnerze sind mittel- bis feinkörnige, dichte Gesteine, die den Kassiterit als Akzessorium enthalten. Der Kassiterit sitzt mit anderen akzessorischen Erzmineralen, wie Pyrit, Arsenopyrit, Löllingit, Chalkopyrit, Chalkosin, Wolframit, Molybdänit, Wismut und Bismuthinit, als Zwickelfüllung oder in winzigen Trümchen im Gestein. Die Hauptkomponenten der Altenberger Erzgesteine sind Quarz, Topas und lithiumhaltige Biotite. Als Nebenkomponenten treten Feldspäte, Muskovit, Fluorit, Hämatit und Tonminerale auf.

Beim Aufbereitungsprozeß ist es erforderlich, daß die gesamten Fördererze gemahlen und dadurch die Akzessorien weitgehend freigelegt werden. Nach verschiedenartigen Aufbereitungsverfahren werden Konzentrate erzeugt, die unter Ausschluß einiger Erze bestimmte Erzminerale angereichert enthalten. Eine Steuerung dieses Prozesses ist nur mit Hilfe mikroskopischer Untersuchungen möglich. Die Mikroskopie von Streupräparaten gibt erste Anhaltspunkte über die Wanderwege der einzelnen Mineralarten im Aufbereitungsprozeß. Über das genaue und spezifische Verhalten der Erzminerale in den einzelnen Aufbereitungsstufen kann man nur durch mikroskopisch untersuchte Anschliffe befriedigende Aussagen machen. Die einzelnen Aufbereitungszwischen- und -endprodukte haben dabei Korngrößen von 0—1000 μm. Es galt also, für eingehende mineralogische Untersuchungen aus diesen Produkten gute Anschliffe herzustellen.

2. Herstellung von Körnerpräparaten

Allgemeine Methoden

Zur einwandfreien mikroskopischen Analyse müssen die Körner angeschliffen sein, nachdem sie vorher eingebettet wurden. Da die Körner je nach Mineralart verschiedene Schleifhärten aufweisen, ist das Einbettungsmittel so zu wählen, daß es dem maschinellen Schleifvorgang standhält und eine gute Schliffqualität ermöglicht. Es muß die Körner, unabhängig von ihrer Größe, gleichmäßig gut binden, um eine Zerstörung oder Beschädigung der Schliffoberfläche zu vermeiden.

Allgemein können Präparate mit sehr kleinen Körnungen nur sehr schwer zu guten Körnerpräparatanschliffen verarbeitet werden. Da die Schliffqualität hierbei entscheidend vom Einbettungsmittel abhängig ist, wurden alle herkömmlichen Einbettungsmittel auf ihre Verwendungsmöglichkeit geprüft. Dabei spielten ihre Beschaffung, der Arbeitsaufwand und die Dauer ihrer Verarbeitung eine wesentliche Rolle. Nach den Erfahrungen der Schleiffacharbeiter des Mineralogischen Instituts der Bergakademie Freiberg schien das Kunstharz Epilox EGK 19 von Leuna zur Präparatherstellung am besten geeignet. Auch in der Literatur werden Gießharze als beste Einbettungsmittel empfohlen. Deshalb wurde unter Vorbehalt dieses Kunstharz verwendet.

Die aus der Aufbereitung entnommenen Proben (naß oder trocken) wurden im ganzen geschlämmt. Im Roherz kommen reichlich feinstkörniger Hämatit und Kaolinit als Gemenge vor. Daher sind meist alle Körner der Proben mit „Rotschlamm" umhüllt und verkleistert. Dieser Rotschlamm wurde durch Schlämmen entfernt, bis das Überstehende klar blieb. Dann wurden die Proben im Trockenschrank bei 105 °C getrocknet.

Da die Mikroskopie von Körnerpräparaten in einem Korngrößenbereich von 0 bis mehr als 500 μm kaum

Eingang des Manuskripts in der Redaktion: 10. 6. 1968.

rationell durchführbar ist, mußten sämtliche Proben mit genormten Siebsätzen eng klassiert werden. Eng gewählte Siebklassen für die quantitative Auswertung der Schliffe sind günstiger als weite. Zur Anwendung kam die Reihe −40; +40; +63; +80; +100; +160; +315; +500 μm.

Die einzelnen Siebfraktionen wurden dann auf 1 bis 2 g heruntergeviertelt und in Gläschen gefüllt. Die trockenen, klassierten Proben wurden in geeigneten Gefäßen mit Kunstharz präpariert. Als Behälter für die Präparatherstellung erwiesen sich Aluminiumgefäße von 1 bis 1,5 ml Inhalt als zweckmäßig (Tablettenröhrchenverschlüsse). In den Gefäßen wurden die Proben oder äquivalente Teile mit der flüssigen Kittmasse übergossen und mit einem Glasstab sorgfältig verrührt und bei +80°C ausgehärtet. Die gehärteten Proben wurden vorsichtig angeschnitten, wobei der Boden des Gefäßes entfernt wurde, und dann wie Gesteinsproben behandelt, d. h. in Bakelitringe eingelegt, mit Epilox ausgegossen und maschinell angeschliffen.

Nach verschiedenen Literaturangaben wurde ein fünfstufiges Schleifverfahren zusammengestellt und erprobt:

Stufe I: Vorschliff mit Korund 50 bis 70 μm ca. 50 bis 60 min;

Stufe II: Feinschliff mit Korund 10 bis 20 μm ca. 180 min;

Stufe III: Feinstschliff mit Korund 1 bis 5 μm ca. 120 min;

Stufe IV: Vorpolitur mit Chromoxid 1 μm ca. 30 min;

Stufe V: Politur mit Aluminiumoxid 0,5 bis 1 μm ca. 10 min.

Für die Stufen I bis III dienten Paraffinöl, für die Stufen IV und V Wasser als Suspensionsmittel. Geschliffen wurde mit der Schleifmaschine NEOSUPAN FRY von den ROW.

Als Schleifscheiben kamen zur Anwendung für die

Stufe I: Stahl ohne Profil,

Stufe II: Kupfer, profiliert,

Stufe III: Blei, profiliert,

Stufe IV: Lindenholz, profiliert,

Stufe V: Lindenholz, profiliert.

Besonderheiten der Altenberger Proben

Das vordem genannte Entschlämmen ist kein quantitativer Vorgang. Feinste Häutchen von „Rotschlamm", desgleichen von Eisenhydroxiden, die im Mahlprozeß entstehen, bleiben an den Körnern haften. Infolge der vorhandenen Häutchen und wohl auch wegen der hohen Viskosität des Epilox ist die Haftfähigkeit der Körnchen aller Fraktionen, besonders aber der feinkörnigen Fraktionen, sehr gering. Dadurch kam es beim Schleifprozeß fortwährend zu Kornausbrüchen und damit zur teilweisen Zerstörung der Schliffoberflächen. Das machte eine Veränderung des Präparationsverfahrens für die Altenberger Aufbereitungsprodukte erforderlich.

Das Kunstharz EGK 19 ist ein sogenannter Heißhärter, der bei 80°C spannungsfrei bei Volumenkonstanz erstarrt. Um die große Viskosität des Kunstharzes herabzusetzen und die Häutchen evtl. zu zerstören oder abzulösen, mußten entweder Lösungsmittel verwendet werden, die unter 80°C sieden, d. h. während des Härtens aus der Kittmasse restlos abdampfen und außerdem die Mineralkörner chemisch nicht angreifen, oder es konnten auch Lösungsmittel Verwendung finden, die durch Unterdruck (Vakuum) verdampfen und daher höhere Siedepunkte haben können. Schließlich kann der Austrieb der Lösungsmittel auch durch Zentrifugieren beschleunigt werden. Damit waren mehrere Möglichkeiten für Versuche zur Herstellung möglichst guter Anschliffe aus Altenberger Lockerprodukten gegeben.

3. Testversuche zur Präparation

Verdünnungsmittel

Als Verdünnungsmittel zur Herabsetzung der Viskosität des Kunstharzes und zur Auflockerung bzw. Ablösung der Rotschlamm- bzw. Eisenhydroxidhäutchen wurden Xylol, Methanol, Benzol, Benzin, Kohlenstofftetrachlorid, Toluol, Hexan und Azeton verwendet. Diese organischen Flüssigkeiten mit relativ niedrigen Siedepunkten ergeben mit Epilox eine homogene Mischung. Die Auswahl erfolgte nach den strukturellen und chemischen Eigenschaften, so daß polare und unpolare, ketten- und ringförmige, sauerstoff-, halogenhaltige und reine Kohlenwasserstoffe mit je einem Vertreter benutzt wurden. Diese Verdünnungsmittel wurden dem Kunstharz jeweils im Verhältnis 1:10, 1:5, 1:2 und 1:1 zugemischt und diese Mischungen dann dem Probegut im Aluminiumgefäß zugegeben.

Härtungsmethode

Die Aushärtung der auf obenbeschriebene Weise erhaltenen Proben wurde ebenfalls variiert:

a) 3 Tage an Luft bei Zimmertemperatur, also unter normalen Bedingungen;

b) 3 Tage im Vakuum bei Zimmertemperatur, d. h. bei vermindertem Druck;

c) 10 min bei 5000 U/min zentrifugiert, dann bei 80°C etwa 24 h gehärtet;

d) 2 Tage an Luft bei 50°C, also unter der Härtungstemperatur;

e) 1 Tag an Luft bei Zimmertemperatur, 1 Tag an Luft bei 80°C, also mit verzögerter Temperaturerhöhung.

Ergebnisse der Testversuche

Die nach allen möglichen Kombinationen aus verschiedener Art und Menge der Verdünnungsmittelzugabe und verschiedenen Härtungsmethoden erhaltenen Präparate wurden in der beschriebenen Weise geschliffen. Die Qualität der Oberfläche dieser Schliffe erhielt Beurteilungen mit den Zahlen 1 bis 5, wobei 1 die beste Oberflächenbeschaffenheit bedeutet, 5 hingegen einen vollkommen unbrauchbaren Schliff. Die Ergebnisse sind in der Tabelle zusammengestellt. Das jeweils angewandte Härtungsverfahren ist dort mit *g*, *p* und *t* angegeben, wobei *g* das Maß für die Eigenschwere (Erdanziehung), *p* für den Druck, *t* für die Temperatur ist. *n* bedeutet normal, also unverändert, — Erniedrigung, + Erhöhung und $\overset{n}{+}$ verzögerte Erhöhung entsprechend der vordem genannten Härtungsverfahren.

Die angesetzte Testreihe hatte den Zweck, bestmögliche Präparationsverfahren oder Wege dazu zu ermit-

Tabelle

Epilox Verdünnung	gpt	Xylol	Methanol	Benzol	Benzin	CCl_4	Toluol	Hexan	Azeton
10 : 1	n n n	3	5	5	4	3	3	5	1
10 : 1	n – n	4	5	5	5	4	4	5	2
10 : 1	+ n +	4	5	5	5	4	4	5	1
10 : 1	n n $^{n}_{+}$	3	5	5	5	4	4	5	2
10 : 1	n n +	3	4	4	4	3	3	5	1
5 : 1	n n n	3	5	5	5	3	3	5	1
5 : 1	n – n	4	5	5	5	4	4	5	2
5 : 1	+ n +	4	5	5	5	4	4	5	1
5 : 1	n n $^{n}_{+}$	3	5	5	5	4	4	5	1
5 : 1	n n +	3	5	4	4	3	4	5	1
2 : 1	n n n	4	5	5	5	4	4	5	2
2 : 1	n – n	4	5	5	5	4	4	5	2
2 : 1	+ n +	4	5	5	5	4	4	5	2
2 : 1	n n $^{n}_{+}$	4	5	5	5	4	4	5	2
2 : 1	n n +	4	5	5	5	4	4	5	2
1 : 1	n n n	5	5	5	5	4	4	5	2
1 : 1	n – n	5	5	5	5	4	4	5	3
1 : 1	+ n +	5	5	5	5	4	4	5	3
1 : 1	n n $^{n}_{+}$	5	5	5	5	4	4	5	2
1 : 1	n n +	5	5	5	5	4	4	5	2

teln. Deshalb interessierten bei der Auswertung nur Verfahren, die zu Schliffen mit der Bewertungsnote 1 führten. Es ist dabei offensichtlich geworden, daß sich als Verdünnungsmittel aus der ausgewählten Reihe nur Azeton eignet. Dabei lieferten nur folgende Verfahrenskombinationen brauchbare Präparate:

1. Epilox : Azeton = 10 : 1, drei Tage an Luft bei Zimmertemperatur gehärtet;
2. Epilox : Azeton = 10 : 1, 10 min bei 5000 U/min zentrifugiert, 24 h bei 80 °C gehärtet;
3. Epilox : Azeton = 10 : 1, 24 h an Luft bei Zimmertemperatur, dann 24 h bei 80 °C gehärtet;
4. Epilox : Azeton = 5 : 1, drei Tage an Luft bei Zimmertemperatur gehärtet;
5. Epilox : Azeton = 5 : 1, 10 min bei 5000 U/min zentrifugiert, 24 h bei 80 °C gehärtet;
6. Epilox : Azeton = 5 : 1, zwei Tage an Luft bei Zimmertemperatur gehärtet;
7. Epilox : Azeton = 5 : 1, 24 h an Luft bei Zimmertemperatur, dann 24 h bei 80°C gehärtet.

Alle anderen Verfahrenskombinationen schieden für die weiteren Untersuchungen aus. Außerdem wurde deutlich, daß das Verhältnis von Verdünnungsmittel zu Kittmasse um 1:5 bis 1:10, vielleicht noch niedriger, liegen muß. Eine Arbeit mit Vakuum scheint in allen Fällen ungeeignet. Kunstharz und Verdünnungsmittel ergaben in jedem Fall eine homogene Mischung, mit der sich die Proben gut verrühren ließen. Die meisten Proben wurden jedoch während des Härtens rissig und porös, so daß keine einwandfreien Schliffe angefertigt werden konnten. Die Ursachen dafür sind wohl in einem zu schnellen Entweichen der Lösungsmittel unter Blasen- und Schaumbildung zu suchen. Wurde zentrifugiert, so war die Blasenbildung wesentlich geringer. Bei Erwärmung der Proben zum Härten wurde die Blasenbildung wieder verstärkt. Die weitere Untersuchung von Testproben wurde aus den erwähnten Gründen nur mit Azeton vorgenommen. Größere Azetonanteile, d. h. mehr als 20% in der Kittmasse, führten in allen Härtungsverfahren zur Blasenbildung. 20% oder weniger Azeton ergaben zwar eine gute Schleifbarkeit, aber es war stets eine rasche Verarbeitung des Gießmittels erforderlich, da bereits nach wenigen Minuten die Mischung aus Epilox und Azeton auszuhärten begann. Dadurch wurde die Viskosität so stark erhöht, daß die Haftfähigkeit der Körner zurückging und wiederum keine einwandfreien Schliffe erzielt werden konnten. Versuchsweise wurden deshalb die Proben trocken in die Aluminiumbehälter gegeben und Epilox und Härter getrennt davon ohne Verdünnungsmittel gemischt. Auf die Proben wurde jeweils einzeln so viel Azeton aufgetropft, bis diese vollkommen durchfeuchtet waren. Dann erfolgte die rasche Zugabe des Kunstharzes, das sofort mit der Probe verrührt wurde.

Ergebnisse

Härtungsverfahren:	Schliffgüte:
1. drei Tage an Luft bei Zimmertemperatur gehärtet;	1
2. 10 min bei 5000 U/min zentrifugiert, 24 h bei 80 °C gehärtet;	1
3. zwei Tage an Luft bei 50 °C gehärtet;	2
4. 24 h an Luft bei Zimmertemperatur, dann 24 h bei 80 °C gehärtet.	1

Da das Zentrifugieren die kürzeste Bearbeitungszeit erfordert, wurde nach der Testung ausschließlich nach diesem Verfahren weitergearbeitet. Durch das Zentrifugieren werden die schweren Körner auf dem Boden des Gefäßes angereichert. Soll die mikroskopische Untersuchung nur die schweren Körner erfassen, also Zinnstein und seine Verwachsungen, so ist der Anschliff des Bodens der Gießprobe gut geeignet. Ist aber die Untersuchung aller Komponenten erforderlich, so wird die ausgehärtete Probe senkrecht getrennt, wodurch die Wirkung der Zentrifuge auf das quantitative Ergebnis der mikroskopischen Untersuchung ohne Einfluß bleibt.

4. Schlußfolgerungen

Die oben ausführlich beschriebene, gezielt angesetzte und durchgeführte Versuchsreihe ergab ein Optimum für die Qualität der Schliffe unter folgenden Voraussetzungen:

1. Entschlämmen der Proben bei 10 μm als Grenzgröße;
2. enge Siebklassierung;
3. getrennte Zugabe von Epilox und Azeton zur trockenen Probe etwa im Verhältnis 10 : 1;
4. Vermischung dieser Substanzen;
5. 10 min bei 5000 U/min zentrifugieren;
6. 24 h bei 80 °C aushärten lassen;
7. wie Gesteinssplitter behandeln und schleifen.

Da sich die Mischung von Probensubstanz, Kunstharz und Verdünnungsmittel bei großen Serien von Präparaten vereinfacht, wenn erst das Harz in die Behälter gegeben wird, darauf die trockenen Proben gefüllt und dann jeweils einige Tropfen Azeton zugegeben werden, arbeiten wir im Betrieb Zinnerz Altenberg seit längerer Zeit ausschließlich nach dieser abgewandelten Methode und erzielten dabei ausnahmslos einwandfreie Anschliffe von Körnerpräparaten aus Körnern von 10 bis 1000 μm Größe.

Die hier beschriebene Methode ist vielleicht nicht ohne weiteres für andersartige Lockerprodukte der gleichen Größenordnung anwendbar. Aber es ist daraus abzuleiten, daß in jedem Fall durch eine geeignete Kombination von Verdünnungsmitteln und Härtungsverfahren ein optimales Präparationsverfahren gefunden werden kann.

Zusammenfassung

Die Zusammensetzung und die Eigenart der Lockerprodukte der Altenberger Erzgesteine bereitete bei der Herstellung einwandfreier Anschliffe klassierter Proben in den Korngrößen von 10 bis 1 000 μm große Schwierigkeiten. Eine gezielt angesetzte Testreihe ergab unter bestimmten Voraussetzungen und Verfahrensabläufen ein Optimum für die Qualität der Schliffe.

Резюме

Из-за состава и специфики рыхлых продуктов Альтенбергских рудных пород изготовление безупречных аншлифов классированных проб с размером зерен от 10 до 1 000 μм представляло большие трудности. Систематически полученная группа проб при определенных предпосылках и методических условиях дала оптимум качества шлифов.

Summary

Owing to the composition and peculiarity of loose products from Altenberg ore rocks great difficulties arose in making perfect ground sections of classified samples covering grain sizes from 10 to 1 000 μm. Under certain conditions and procedures an optimum quality of the ground sections was obtained by a suitably arranged test series.

Zur Bewertungsformel für Lagerstätten von Milutinovič

JOACHIM HAUCK, Merseburg

In seiner Rezension über eine Veröffentlichung von JANKOVIČ (1967) geht STAMMBERGER (1968) auch auf eine Bewertungsformel für Buntmetallagerstätten von MILUTINOVIČ ein. Die Formel lautet

$$EO_1 = (VP + A)\,\frac{R^n - 1}{\frac{r}{100}\,R^n} = (VP + A)\,100\,\frac{R^n - 1}{r \cdot R^n} \qquad (1)$$

und soll, wie JANKOVIČ darlegt, allgemein anwendbar sein. In (1) bedeuten:

EO_1 — der „bedingte" Wert der Lagerstätte beim üblichen Zinssatz,

VP — „Teil des Ertrages nach Abzug des für den Verbrauch bestimmten Betrages",

A — Amortisation,

R — $1 + \frac{r}{100}$ (Aufzinsungsfaktor),

r — üblicher Zinssatz.

STAMMBERGER kommentiert die Formel folgendermaßen:

„Diese Formel weist gewisse Beziehungen zur HOSKOLD-Formel auf, die vom Rezensenten allerdings nicht eindeutig geklärt werden konnten, weil VP und A nicht näher bzw. unklar erklärt wurden. Wenn VP der Jahresreingewinn sein sollte, bleibt unverständlich, weshalb er mit der Amortisation (welcher? für die Erkundung?) addiert wird. Ohne Amortisation hätte die vorgeschlagene Berechnungsformel übrigens große Ähnlichkeit mit der ehedem in Deutschland „amtlichen" Rentenformel, die ja ebenfalls auf HOSKOLD zurückgeführt werden kann. Bis zur weiteren Klärung muß daher die vorgeschlagene Formel von MILUTINOVIČ mit Vorsicht aufgenommen werden."

Mit der HOSKOLD-Formel, dem „eisernen Bestand des Handwerkszeuges der anglo-amerikanischen Montanökonomen" hat sich STAMMBERGER (1962) eingehend befaßt. Sie kann in der von STAMMBERGER (1962, Seite 21) gewählten TRUSCOTTschen Schreibweise dargestellt werden,

$$V_p = \frac{A}{\frac{r}{(1 + r)^n - 1} + r} \qquad (2)$$

wobei mit

V_p = der Gegenwartswert,

A — die Jahresrente (der erwartete jährliche Profit),

n — die Lebensdauer des Betriebes in Jahren (Vorrat: Jahreskapazität),

r — der Zinssatz in $\frac{\%}{100}$

bezeichnet werden.

Betrachten wir zunächst den Bruch in der MULTINOVIČ-Formel und setzen

$$R = 1 + \frac{r}{100}$$

$$\frac{R^n - 1}{\frac{r}{100}\,R^n} = \frac{\left(1 + \frac{r}{100}\right)^n - 1}{\frac{r}{100}\left(1 + \frac{r}{100}\right)^n} = \frac{1}{\frac{r}{100}\left(\frac{1}{\left(1 + \frac{r}{100}\right)^n - 1} + 1\right)} \qquad (3)$$

Mit $\frac{r}{100}: = r$ erhalten wir schließlich

$$\frac{R^n - 1}{r\,R^n} = \frac{1}{\frac{r}{(1 + r)^n - 1} + r} = B_1 \qquad (4)$$

und sehen, daß der Bruch in der MILUTINOVIČ-Formel gleich dem Nenner in der HOSKOLD-Formel ist.

Beide Faktoren sind somit identisch mit dem Barwert B_1 einer n-mal nachschüssig fälligen Rente vom Jahresbetrag 1 („Hütte", 1948). Die Abhängigkeit des Barwertes B_1 von n und R ist in der Abbildung dargestellt.

Durch die in (4) bewiesene Identität ergibt sich aus (1) und (2) folgende Proportion:

$$\frac{EO_1}{VP + A_M} = \frac{V_p}{A_H} \quad \text{oder} \quad \frac{EO_1}{V_p} = \frac{VP + A_M}{A_H} \qquad (5)$$

wobei die unterschiedliche Bedeutung von A durch die Indizes M und H gekennzeichnet wurde.

Es kann trotz der unklaren Formulierung als sicher angenommen werden, daß der „Teil des Ertrages nach Abzug des für den Verbrauch bestimmten Betrages", d. h. der Gewinn (VP in Formel 1), mit der Jahresrente bzw. -profit (A in Formel 2 bzw. A_H in Formel 5) gleichbedeutend ist. Daraus folgt, daß der nach MILUTINOVIČ berechnete Wert einer Lagerstätte auf alle Fälle größer ist als der nach HOSKOLD ermittelte. So verdoppelt er sich beispielsweise, wenn die jährlichen Amortisationen und der jährliche Gewinn gleich groß sind.

Eingang des Manuskripts in der Redaktion: 2. 9. 1968.

Zur Frage, weshalb MILUTINOVIČ zum Gewinn die Amortisationen addiert, kann folgendes gesagt werden. Der zur Tilgung einer Schuld, d. h. zur Abschreibung eines Anlagenwertes oder zur Rückerstattung der vorgeschossenen Investitionen, jährlich zu zahlende Betrag, die Annuität, setzt sich aus der Verzinsung und der Tilgung zusammen („Hütte", 1948). Während die Zinsen von Jahr zu Jahr geringer werden, steigen die Tilgungsbeträge, wie aus dem folgenden Beispiel ersichtlich ist. Es seien 100 Geldeinheiten investiert worden, die bei einer Annuität von 10 Einheiten und einem Zinsfuß von 5% abgeschrieben werden sollen.

Am Ende des Jahres	Schuld	Annuität	Zinsen	Tilgung
1	100,00	10,00	5,00	5,00
2	95,00	10,00	4,75	5,25
3	89,75	10,00	4,49	5,51
4	84,24	10,00	4,21	5,79
5	78,45	10,00	3,92	6,08
6	72,37	10,00	3,62	6,38
7	65,99	10,00	3,30	6,70
8	59,29	10,00	2,96	7,04
9	52,25	10,00	2,61	7,39
10	44,86	10,00	2,24	7,76
11	37,10	10,00	1,86	8,14
12	28,96	10,00	1,45	8,55
13	20,41	10,00	1,02	8,98
14	11,43	10,00	0,57	9,43
15	2,00	2,10	0,10	2,00

Die Abschreibung ist somit nach rd. 15 Jahren (genau nach 14,2 Jahren) abgeschlossen.

Ist der Zeitraum vorgegeben, in dem die Investitionen I abgeschrieben sein sollen, so wird die Annuität A nach

$$A = \frac{I}{B_1} \qquad (6)$$

berechnet („Hütte", 1948). Aus (6) geht in Verbindung mit (4) hervor, daß der Summand

$$100\,A\,\frac{R^n - 1}{r R^n}$$

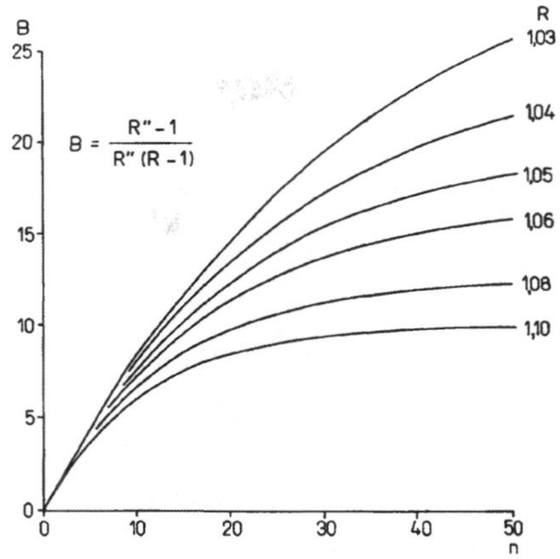

Abb. Abhängigkeit des Barwertes B von n und R
(Statt R'' lies R^n)

in der Formel von MILUTINOVIČ nichts anderes als die erforderlichen Investitionen darstellt. Somit ist die von STAMMBERGER angesprochene Unklarheit beseitigt, und es kann festgestellt werden, daß sich nach Meinung von MILUTINOVIČ der Wert einer Lagerstätte aus dem Gegenwartswert gemäß HOSKOLD und den erforderlichen Investitionen zusammensetzt.

Eine weitere Diskussion über diese Bewertungsformel erübrigt sich u. E., da sie sich als eine Modifikation der kapitalistischen Bewertungsmethoden erwiesen hat und deshalb, wie STAMMBERGER (1962) ausführlich dargelegt hat, für unsere sozialistischen Wirtschaftsverhältnisse nicht brauchbar ist. Die in der zitierten Rezension geäußerten Bedenken bestehen deshalb zu Recht.

Literatur

STAMMBERGER, F.: Zur ökonomischen Bewertung von Lagerstätten nutzbarer Rohstoffe. — Freiberger Forsch.-H., C 147, Berlin 1962.
— Wirtschaftsgeologie oder ökonomische Geologie? — Z. angew. Geol., 14, 6, 323—327, Berlin 1968.
JANKOVIĆ, S.: Wirtschaftsgeologie der Erze. — Springer-Verlag, Wien, New York 1967.
„Hütte" des Ingenieurs. Taschenbuch, 1. Band, 27. Aufl. — Verlag Wilhelm Ernst und Sohn, Berlin 1948.

Ein neues Gerät für mikropaläontologisches und sedimentpetrographisches Auslesen und Sortieren

HANSPETER JORDAN, Freiberg (Sa.)

(Mitteilung Nr. 227 aus dem Institut für Geologie der Bergakademie Freiberg)

Es wird ein am Institut für Geologie der Bergakademie Freiberg in Zusammenarbeit mit Werkstattmeister S. PÜSCHEL entwickeltes und gebautes neues Auslese- und Sortiergerät beschrieben, das sich nach den bisherigen Erfahrungen gut für Belange der Mikropaläontologie und der Sedimentpetrographie eignet und gestattet, in einem Arbeitsgang das zeitraubende Auslesen und Sortieren zu erledigen.

Dem neuen Auslese- und Sortiergerät liegt der Gedanke zugrunde, die zeitaufwendigen Verfahren des Auslesens von Mikrofossilien und Schwermineralien o. ä. sowie deren ebenfalls zeitraubende Sortierung zu rationalisieren, dabei Zeit zu sparen und das ausgelesene Material zu schonen. Das Grundprinzip ist eine Drehscheibe, die je nach Durchmesser eine mehr oder weniger große Anzahl von FRANKE-Zellen aufnehmen kann und die durch mechanische oder elektrische Steuerung die gewünschte Zelle in die entsprechende Position bringt. Als praktisch und handlich hat sich für die Abmessungen der Drehscheibe dabei ein Wert ergeben, der gestattet, 12 FRANKE-Zellen des Gießener Formats aufzunehmen (Abb. 1). Neben der Drehscheibe werden die in der

Eingang des Manuskripts in der Redaktion: 23. 7. 1968.

Abb. 1.

Mikropaläontologie bereits bewährte perforierte Ausleseschale nach TRIEBEL sowie ein Trichter und ein Binokular benötigt. Für die elektrische Steuerung sind unter anderem ein Gleichrichter, ein Getriebe, ein 6-V-Elektromotor und ein Relais erforderlich, während eine einfache mechanische Handhabung der Drehscheibe lediglich eine Rasterung verlangt.

Das Gerät (Abb. 2) ist so eingerichtet, daß es rechts- und linkshändig bedient werden kann; durch Drehen des binokularen Tubus um 180° kann es leicht für die entsprechende Handhabung eingerichtet werden. Die perforierte Ausleseschale läuft auf einer Ebene aus Plexiglas, in die der Trichter eingelassen ist. Durch ihn rutscht das ausgelesene Material in die vorgewählte

Abb. 2.

FRANKE-Zelle. Der Winkel des Trichters ist mit ca. 70°, also nicht zu stumpfwinklig, so gewählt, daß das ausgelesene Material nicht an der Wandung hängenbleibt, andererseits aber groß genug ist, um einen entsprechend großen Gesichtskreis unter dem Binokular noch zu erfassen.

Die Plexiglasscheibe muß stark (mindestens 4 mm) und groß genug sein, da sie gleichzeitig als Handauflage beim Auslesen dient. Sie soll durchsichtig sein, damit nicht Zahlen, Felder und FRANKE-Zellen verdeckt werden und die ständige Kontrolle möglich ist. Der Stromanschluß bei automatischer Einstellung erfolgt über einen 6-Volt-Transformator, eine Sicherung ist im Gerät eingebaut. Auf die Möglichkeit, die Drehscheibe mechanisch zu betreiben, wurde bereits oben hingewiesen. Der in Abb. 2 links dargestellte elektrische

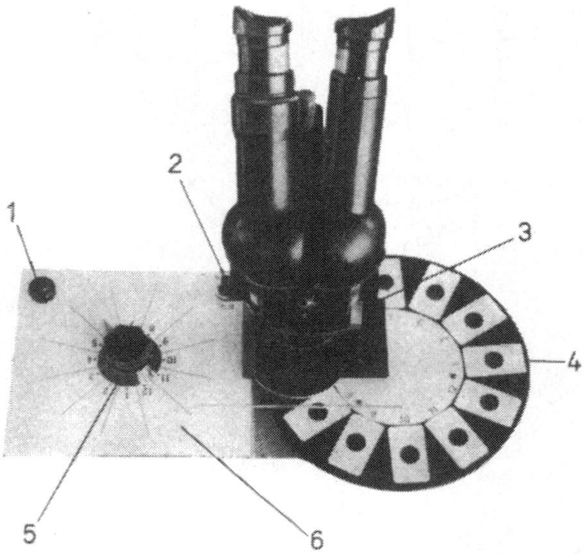

Abb. 3.

1 — Kontrollampe, 2 — Schalter, 3 — Perforierte Ausleseschale auf Plexiglasunterlage mit Trichtereinsatz, 4 — Drehteller mit 12 Frankezellen, 5 — Drehknopf für die Wahl der Frankezellen, 6 — Raum für Vermerke, Skizzen

Teil fiele dann fort. Allerdings wird gerade mit dieser elektrischen Automatik eine große Zeitersparnis erreicht. Die gewählte FRANKE-Zelle wird in relativ hoher, gleichmäßiger Geschwindigkeit, nicht ruckhaft oder zentrifugierend bewegt. Dabei ist die Bedienung des Gerätes denkbar einfach: Die eine Hand liest aus, die andere wählt über Drehknopf (Abb. 3) oder Drucktasten (wie etwa bei Eltinor/ROW) die FRANKE-Zellen. Schon bei wenig Übung kann man das Gerät bedienen, ohne ständig die Augen vom Tubus nehmen zu müssen. Auch das bedeutet eine erhebliche Zeitersparnis.

Zusammengefaßt ergeben sich bei Anwendung des Gerätes folgende Vorteile: 1. Auslesen und Sortieren in einem Arbeitsgang und damit 2. Zeitersparnis, 3. Schonen des ausgelesenen Materials, das durch die Kopplung zweier Arbeitsgänge nur einmal bewegt wird.

Zeitschrift für angewandte Geologie, Bd. 15 (1969), Heft 1

Besprechungen und Referate

Louis, H.

Allgemeine Geomorphologie

(Lehrbuch der Allgemeinen Geographie, I, Herausg. E. Obst)
Berlin: Verl. Walter de Gruyter, 1968. 3. Aufl., 522 S., 124 Textabb., 140 Abb. im Bildteil und 2 Kart. im Anhang, DM 54,—

Von dem Münchener Geographen und Quartärforscher, Prof. H. Louis, liegt jetzt die „Allgemeine Geomorphologie", die als I. Bd. des zehnbändig geplanten Lehrbuchs der Allgemeinen Geographie (herausgegeben von E. Obst) 1960 in 1. Aufl. erschienen war, in 3. Aufl. vor. Gegenüber der 2. Aufl. hat das Werk eine neue Bearbeitung und starke Erweiterung erfahren. Diese erstreckt sich weniger auf eine ausführlichere Darstellung der bisherigen Gliederungspunkte als vielmehr auf die Einbeziehung neuer Fragen und auf die Erörterung weiterer geomorphologischer Begriffe und Erscheinungen.

Nach einleitenden Ausführungen (2 S.) werden in einem II. Abschnitt unter Verwendung der Ergebnisse verwandter Wissenschaftszweige die Größtformen der Erdoberfläche analysiert.

Der Hauptabschnitt (III), in dem „Die feinere Gestaltung der Oberflächenformen" abgehandelt wird, ist in 13 Kap. untergliedert. Zunächst wird in „Grundüberlegungen" der Gesamtinhalt der Geomorphologie in gedrängter Kürze konzipiert. Neu ist der Absatz über „formenbeschreibende Grundbegriffe".

Die folgenden Kap. (B bis N) enthalten Ausführungen über die morphologisch wirksamen Erscheinungen und ihre Ergebnisse. Dabei dienen die Faktoren des Massentransports, die alle anderen Gestaltungsfaktoren entscheidend beeinflussen, als Gliederungsgesichtspunkte.

Das Kap. B „Grundtatsachen der Gesteinsverwitterung" (17 S.) ist gegenüber der 1. Aufl. durch die Aufnahme von Ausführungen über die Tonmineralbildung und umfangreichere Erörterung über „Zonale Unterschiede der Verwitterung" erheblich erweitert worden. Auch die Darlegungen zu den Gliederungspunkten von Kap. C „Grundzüge der Denudation und ihrer Beeinflussung durch die Flußerosion" (26 S.) sind gegenüber der 2. Aufl. ausführlicher.

In Kap. D „Grundzüge der Flußarbeit und ihres Zusammenwirkens mit der Denudation" (47 S.) behandelt der Autor den wirksamsten Faktor der Massenbewegung. Nach Bemerkungen zum Wesen der Fließvorgänge wird als Kernstück des Kapitels die Querschnittsgestaltung der Täler behandelt. Zu den Kerb- und Flachmuldentälern tritt in der 3. Aufl. die Behandlung des Kehltaltyps.

Die Typisierung des fluvialen Abtragungsreliefs in den verschiedenen Klimazonen wird in Kap. E „Die klimatischen Differenzierungen des Zusammenwirkens von Denudation und Flußarbeit" (32 S.) versucht. Speziell die Darlegungen über das fluviale Abtragungsrelief in ariden und semiariden Gebieten sind um einige Züge bereichert worden. Schließlich wird in Kap. F „Das fluviale Abtragungsrelief in Abhängigkeit von Klima, Struktur und Tektonik" (57 S.) herausgearbeitet.

Die folgenden Kapitel sind den nichtfluvialen geomorphologischen Faktoren gewidmet. Nach den Erscheinungsformen des Karstreliefs (Kap. G, 20 S.) wird der glaziale Formenschatz behandelt (Kap. H, 47 S.), dem in Kap. I (22 S.) „Der durch Windwirkungen bestimmte Formenschatz und sein Anteil an den Formengesellschaften der Wüste" folgt. Nach den gestaltenden Faktoren und ihren Wirkungen auf dem Festland werden der Formenschatz der Küste (Kap. K, 38 S.) und die Geomorphologie des Meeresbodens (Kap. L, 7 S.) gekennzeichnet. Auf die Erörterung der morphogenetischen Wirkung des Vulkanismus und seiner Begleiterscheinungen sowie der Meteoriteneinschläge (Kap. M, 73 S.) folgen schließlich „Die vom Menschen geschaffenen oder beeinflußten Formungsvorgänge".

Neu ist der Abschnitt IV „Über typische Vergesellschaftungen von Oberflächenformen auf der Erde" (29 S.). Damit wird das Neuland einer synoptischen Erfassung einzelner Vorgänge und verschiedener geomorphologischer Erscheinungen betreten.

Dem Text schließt sich ein umfangreicher Registerteil an (Sach- und Ortsregister, 51 S., Schrifttum, 48 S., Autorenregister, 7 S.). Der gegenüber der 2. Aufl. erheblich erweiterte Bildteil stellt nach Umfang und Auswahl eine vorzügliche Ergänzung der Ausführungen dar. In geschickter Meisterung der Schwierigkeiten bei der Darstellung des behandelten Stoffes ist H. Louis ein Lehrbuch in 3. Aufl. gelungen, zu dem Studenten und Fachleute der Geowissenschaften gern greifen werden. O. Gehl

Kulijew, S. M., B. I. Jesman & G. G. Gabusow

Das Temperaturregime in Tiefbohrlöchern während ihres Abteufens

Moskau: Verlag Nedra 1968. 184 S., 68 Abb., 98 Lit. (russ.), 0,83 Rbl.

In drei einleitenden Kapiteln werden die Grundvorstellungen über die in Tiefbohrlöchern ablaufenden Wärmeübertragungsprozesse sowie die wärmephysikalischen und rheologischen Eigenschaften der Bohrspülungen vermittelt. Ausführliche Darstellungen des Temperaturaufbaus und der sich einstellenden Temperaturverteilungen in stillstehenden bzw. im Abteufen begriffenen Tiefbohrungen und die Beschreibung der zur Temperaturmessung eingesetzten Geräte und Methoden bilden die Hauptgegenstände des Werkes. Abschließend werden die Erhitzung des arbeitenden Bohrmeißels sowie die beim Zementieren auftretenden Temperatureffekte behandelt. K. Lehnert

Herausg. Autorenkollektiv unter Leitung von S. K. Runcorn

International Dictionary of Geophysics

Oxford usw.: Pergamon Press Ltd. 1967. 2 Bände und 1 Kartenband, 1728 S., über 700 Abb., £ 45. —

Die Bedeutung des vorliegenden Werkes sei durch einige Zahlen dokumentiert. Das Buch enthält mehr als 700 Artikel auf 1728 Seiten von mehr als 300 Mitarbeitern, die sich meist in der internationalen Literatur einen Namen gemacht haben. Auch die Herausgeber sind seit langem anerkannte Fachleute. Die Mitarbeiter entstammen praktisch allen Ländern, in denen geophysikalische Forschungen betrieben werden. Viele der Artikel sind kleine Monographien nach dem neuesten Stand und mit umfangreichen Literaturangaben versehen, bei einigen Artikeln sind es mehr als hundert. Der Inhalt umfaßt die Geophysik der festen Erde, der Ozeane, der Lufthülle, es enthält auch Darstellungen über die Sonne, den Mond und einige Planeten. Außer den rein geophysikalischen Artikeln finden sich auch grundlegende Abhandlungen über das mathematische Rüstzeug, Geodäsie und Geologie einschließlich Paläontologie und die Entstehung des Lebens auf der Erde sowie über Möglichkeiten des Lebens auf anderen Planeten. Mit vielen Artikeln behandelt sind die Probleme des Magnetismus, der Seismologie, der Ozeanographie, etwas weniger intensiv sind Fragen der Gravimetrie und Elektrik behandelt, bei diesen Kapiteln sind aber einige Artikel hervorzuheben, wie Aerogravimetrie, die elektromagnetische Induktion, welche neues Material in umfassender, komprimierter Form bringen. Auf dem Gebiete der Radioaktivität sind Artikel dieser Art die über die Radioaktivität der Ozeane und des Eises, in der Geothermie die Abhandlung über Wärmeflußmessungen. Diese Erwähnungen sollen nur Beispiele sein, daß auch sehr neue Wissensgebiete, die in älteren Werken noch kaum vorkommen, aufgenommen sind. Eine wichtige Quelle ist das Werk für die Struktur der Ozeanböden, was schon äußerlich dokumentiert wird durch die instruktiven Karten der Geological Society über die Konfiguration des Indischen und

Südatlantischen Ozeans, die dem Werk in einer Anlagemappe beigegeben sind.

Auf dem Gebiet der Geologie sind bemerkenswert die Artikel über Altersbestimmung, Fragen der Anatexis und Metamorphose, Magma, Konvektionsströme, tektonische Deformationen, Ionendiffusion, Zusammensetzung von Erdkruste und Mantel, Stratigraphie, Geschiebeblöcke in Meeressedimenten, Tiefseesedimente, Paläowinde und Paläotemperaturen, Sedimentationsraten, Paläontologie und viele andere. Aus der regionalen Geologie hat merkwürdigerweise nur der Karibische Raum eine Darstellung erfahren.

Daß bei einem so groß angelegten Werk auch einige Wünsche offenbleiben, kann nicht verwundern. So ist die angewandte Geophysik nur spärlich vertreten, die vorhandenen Artikel betreffen vor allem Magnetik und Seismik, von den elektrischen Methoden ist die Widerstands- und Eigenpotentialmethode ausführlich beschrieben (einschließlich der SP-Bohrlochmessungen), von den anderen erfährt man kaum etwas. Einige Artikel sind doppelt vorhanden, so etwa die Stichworte Erdkruste und die Mittelozeanischen Rücken, die mit fast den gleichen Bildern einmal unter „Mid-Ocean Ridges" und einmal unter „Subocean ridges" erscheinen. Die außerordentlich interessanten Artikel über die Struktur der Ozeanböden sind über das ganze Werk verstreut, man findet sie einmal unter dem Stichwort „Bottom of ..." ein andermal unter „Structure of ...", „Floor of ..." oder „Geomorphology of ..." oder unter dem Namen des betr. Meeres. Hier kann aber das Register weiterhelfen. Nicht helfen kann es im Falle „Atlantic"! Dieses Wort fehlt auch im Register, wohl aber gibt es eine ausgezeichnete Beschreibung der Struktur des Südatlantik unter dem Stichwort „Suboceanic ridges". Für die Erklärung „strain" gibt es ein Stichwort, das nicht sehr aufschlußreich ist. Es gibt aber eine sehr gute Erklärung unter dem Stichwort „Properties of crust and mantle", von der auch das Register nichts weiß. Viele andere Begriffe sind unter anderen Stichworten verborgen (Bingham Körper, Maxwell Element etc.) und sind nicht durch das Register erschließbar. „Telluric currents" fehlen als Stichwort wie im Register, man findet aber eine kurze Beschreibung unter „Earth currents" und eine viel ausführlichere unter „Electromagnetic induction". Ein besseres Register würde manche Sucharbeit ersparen.

Diese Bemerkungen, die mehr einer künftigen Verbesserung dienen sollen, können den Wert des Werkes nicht herabsetzen, das eine wahre und fast unerschöpfliche Fundgrube ist für alle, die sich mit den Geowissenschaften beschäftigen, oder sogar für diejenigen, die sich mit „planetarischer Seismologie" oder der Bildung der Mondkrater befassen wollen. Alle Artikel sind auf dem neuesten Stand und reichlich mit Zitaten versehen — das ist ein weiterer Vorzug dieses vorzüglichen und vorzüglich ausgestatteten Werks.

R. MEINHOLD

Autorenkollektiv

Beitrag der gravimetrischen Karte zur Geologie des Armorikanischen Massivs

Paris: Bureau de Recherches Géologiques et Minières 1967. Mémoire Nr. 52, 129 S., 22 Abb., 6 Karten, 75 Frcs.

R. P. LEJAY hatte 1948 seine Schwerekarte von Frankreich mit Ausnahme des Armorikanischen Massivs aufgenommen. Schon 1949 wurde daraufhin von R. BOLLO in der Bretagne ein Basisnetz im Punktabstand von 15 bis 20 km vermessen. Doch erst nach Abschluß der gravimetrischen Aufnahme des Pariser Beckens konnte 1956 die gravimetrische Vermessung des Armorikanischen Massivs begonnen werden, ohne daß damals bereits ein wirtschaftliches Interesse der Arbeiten zu erkennen gewesen wäre. Grundlage der Arbeiten bildete eine von der physikalischen Abteilung des B. R. G. M. herausgegebene, vereinfachte geologische Karte 1:320000 des Armorikanischen Massivs mit eingetragenen BOUGUER-Anomalien.

Der vorliegende Band 52 gibt in einem Vorwort und 10 recht unterschiedlich umfangreichen Aufsätzen nur eine erste Zwischenauswertung der gravimetrischen Meßergebnisse. Die Geologen haben sich bemüht, in den Angaben der gravimetrischen Vermessung ihnen bekannte Bauelemente wiederzufinden oder vermutete bestätigt zu sehen. In den tertiären Falten von Pont-Péan und Nort-Nozay führte die Gravimetrie auf unbekannte, verdeckte Strukturen. Vor allem konnten Bauelemente selbständiger Entwicklung näher umgrenzt und Strukturgrenzen in ihrem Verlauf präzisiert werden. Dabei zeigte sich am Beispiel des Abbruchs von Trégorrois, daß sich die Auswertung weniger auf den Kurvenverlauf der Isogammen als vielmehr auf ihre Neigung stützen muß, schneidet doch diese Ruptur auf 40 km Entfernung hin gleichmäßig die Isogammen von +30 bis −10 mgal. Im einzelnen wird u. a. folgendes berichtet:

J. COGNE: Stabile und mobile Zonen im Verlauf der herzynischen Orogenese im Armorikanischen Massiv, Beziehungen zum Schwerefeld

Die Anomalien der neuen Schwerekarte decken sich mit den im vorkambrischen Sockel umgrenzten Strukturen und ihren metamorphen und granitischen Reaktivierungen. Schon S. CORON (1954) vermutete, daß die Ursachen der gravimetrischen Anomalien, die so enge Beziehungen zur Oberflächengeologie zeigen, in den Strukturen des tieferen Untergrunds liegen.

L. CHAURIS: Gravimetrie und Metallogenie der Granite im Armorikanischen Massiv

Mehrere als Granit von Plouaret bezeichnete Vorkommen zwischen Commana und Dinan stimmen petrographisch überein. Nach der Schwerekarte gehören diese isolierten Granite einem einzigen großen Massiv an. Dafür sprechen auch ihre ein typisches „zoning" bildenden Mineralisationen.

C. BABIN & J. DIDIER: Beitrag der Gravimetrie zur Kenntnis des zentralen Armorikanischen Grabens

Die neue gravimetrische Karte unterstreicht die tektonische Unabhängigkeit des zentralen Grabens gegenüber den umgebenden Kristallingebieten.

C. WEBER: Die östliche Verlängerung der Granite von Lanvaux nach der Gravimetrie und der Aeromagnetik

Die gravimetrische Karte Blatt Nantes weist auf Beziehungen zwischen der gravimetrischen Achse Redon—Angers und den Graniten von Lanvaux und Allaire hin. Nach W zu teilt sich die gravimetrische Anomalie im Gebiet von Redon; die Isanomalen zeichnen die Konturen jedes der beiden Massive nach.

J.-L. JAEGER & J. CORPEL: Studie der negativen gravimetrischen Anomalie in Beziehung zum Tertiärbecken von Rennes

Im SW von Rennes liegt eine engräumige, aber starke negative Anomalie, die eingehend untersucht wurde. Die Interpretation der gravimetrischen Meßergebnisse gestattete in Verbindung mit geoelektrischen Sondierungen und spezieller geologischer Aufnahme, den strukturellen Charakter des Tertiärbeckens zu deuten.

Über seine einzelnen Aufsätze hinaus vermittelt der vorliegende Band ein einheitliches Gesamtbild. Eine Fülle neuer Fakten zur Geologie des Armorikanischen Massivs wird mitgeteilt. Das B. R. G. M. hat in diesem mit Tabellen, Profilen und recht gutem Kartenmaterial ausgestatteten Band einen wirkungsvollen und zugleich attraktiven Bericht über eine in den letzten Jahren durchgeführte Arbeit gegeben.

K. DETTE

CLEGG, M. W.

Secondary Recovery Methods — Today and Tomorrow

„World Petroleum", New York, Jg. 38 (1967), H. 4, S. 82 bis 86

Auf dem 6. Welterdölkongreß wurde von Dr. TORREY mitgeteilt, daß von 1600 Bill. barrels bekannter Erdölvorräte primär lediglich 26,8% abgebaut werden können. Durch Gas- und Wasserinjektionen können zusätzlich 8,4% gewonnen werden. 64,8% der Erdölvorräte verbleiben in den

Speichern. Es gilt, die vorhandenen Erdöllagerstätten maximal auszubeuten. Beim Abbau der Lagerstätten spielen politische und ökonomische Gesichtspunkte eine große Rolle. Vor allen Dingen wird in hochindustrialisierten Ländern den Sekundärmaßnahmen mehr Aufmerksamkeit geschenkt als in den Ländern des Mittleren Ostens. Die Anwendung von Sekundärmaßnahmen untergliedert sich in: a) Laborversuche und Arbeiten mit Modellen; b) mathematische Vorstellung der durchzuführenden Prozesse; c) Feldversuche; d) ökonomische Bestimmung der Resultate a bis c. Seit einigen Jahren ist es möglich, umfangreiche Variantenberechnungen mittels Computern durchzuführen. Allerdings muß man dabei berücksichtigen, daß nur ein Zusammenwirken von Theorie und Praxis zu Maximalerfolgen führen kann.

Die Sekundärmaßnahmen untergliedern sich in:

a) Gas- und Wasserinjektionen

Diese Methoden werden am häufigsten angewendet und stellen die einfachste aller Sekundärverfahren dar. Während der letzten Jahre wurden diese Verfahren ständig verbessert; man benutzt sie z. B. zusätzlich, um Formationsblockierungen zu vermeiden.

b) Polymeres Fluten

Unter Lagerstättenbedingungen kann die Viskosität des Einpreßwassers sehr stark absinken, so daß es schnell zu Wasserdurchbrüchen in den Produktionssonden kommen kann. Durch Polymerzusätze wird die Viskosität des Wassers erhöht.

c) Mischverdrängung

In die Speicher wird eine mit dem Öl mischbare Flüssigkeit injiziert (z. B. Alkohol), um die Kapillarkräfte zu eliminieren. Man schafft sich z. B. mit den Lösungsmitteln Säume; diese werden mit Hilfe von Wasser oder trockenem Gas bewegt. Solche Verfahren werden mit Erfolg im kanadischen Ölfeld Golden Spike angewendet.

d) Thermalverfahren

Mittels dieser Verfahren soll die Viskosität der Öle herabgesetzt und ihre Mobilität erhöht werden. Der Verf. führt vor allen Dingen die Dampfinjektion an. Die Technologie dieses Verfahrens wurde in den letzten Jahren wesentlich verändert. Diese Sekundärgewinnungsmethode wird am günstigsten bei kleinen Öllagerstätten mit großer Sondenanzahl und großer Mächtigkeit des Speichers eingesetzt, während man sich beim Vorhandensein einer großen Lagerstätte mit geringer Mächtigkeit besser der In-situ-Verbrennung bedient.

e) Atomenergie

Das Problem der Verwendung der Atomenergie für friedliche Zwecke wird in Zukunft einen immer breiteren Raum einnehmen. So wurden in Amerika bisher zwei derartige Projekte geplant. Atomenergie als Sekundärmaßnahme soll im Ölschiefer von Colorado und in einem Gasfeld mit dichtem Kalkstein (Projekt Gasbuggy) angewandt werden.

K.-P. Katzung

Henri Paloc

Hydrogeologische Karte Frankreichs: Karstregion Nordmontpellier — Erläuterungsbericht

Paris: Bureau de Recherches Géologiques et Minières, Mémoires No. 50, 1967. 229 S., 17 Abb., 20 Fotos, 9 Taf., 1 Buntdruckkarte, 100 Frcs.

Der Hydrogeologische Dienst des B.R.G.M. ließ 1964 unter Mitwirkung des Zentrums für hydrogeologische Studien und Untersuchungen (C.E.R.H.) der Universität Montpellier die hydrogeologische Karte des Karstgebiets Nordmontpellier erarbeiten, der dann 1966 die Zusammenstellung des erläuternden Berichtes folgte, der als Nr. 50 der Mémoires jetzt vorliegt. Die Kartendarstellung berücksichtigt die von der UNESCO 1962 in der Internationalen Legende für hydrogeologische Karten festgelegten Normen. Nach einer gleichfalls bereits auf Grund dieser Normen von Douai bearbeiteten Karte (B.R.G.M. 1963) ist sie nun die zweite hydrogeologische Karte Frankreichs in großem Maßstab und die erste Karte eines Karstgebiets. Sie stellt im Maßstab 1:80000 ein Gebiet von 2600 km² dar, das zu ca. $^2/_3$ aus Kalksteinen verschiedener geologischer Formationen besteht. Die Begrenzung des Kartenausschnitts geschah unter Berücksichtigung der hydrogeologischen Einheiten und reicht von den Abhängen des Zentralmassivs bis in die mediterrane Küstenebene.

Der Inhalt des Bandes gliedert sich nach einem Vorwort in zwei Hauptteile. An einen geographischen Überblick schließt sich die Schilderung des geologischen Baues, der klimatischen Gegebenheiten mit kurzen Angaben über das oberflächige Gewässernetz und Bemerkungen über die unterirdischen Wässer an. Ein Literaturverzeichnis mit 44 Titeln allgemeinen Inhaltes beendet den ersten Teil (S. 11—57).

Der zweite Hauptteil enthält zunächst ein Tabellenwerk (S. 61—135) über Quellen, Versickerungsstellen, aktive und fossile Karsthöhlen sowie eine Aufstellung aller in dem Gebiet durchgeführten Bohrungen bei besonderem Nachweis der Bohrungen zur Grundwassererkundung. Ein Anhang (S. 135 bis 203) gibt einen Nachweis von 170 Titeln spezieller Literatur, Listen der Gemeinden und eine Zusammenstellung aller bis 1965 durchgeführten Färbeversuche mit ihren Ergebnissen.

Im Laufe der geologischen Entwicklung bildeten sich in mehreren Verkarstungsperioden unterschiedliche Karstniveaus aus. Es gibt Verkarstungen in paläozoischen, jurassischen, kretazischen und tertiären Kalken. Die Lage der Karsthöhlen und das Karstgewässernetz sind deutlich an die tektonischen Linien gebunden. Kalke und Dolomite sind auch besser wasserführend, in ihnen werden größere Grundwasserreserven erwartet. Mergelschichten trennen die verschiedenen Karsthorizonte mesozoischer und tertiärer Gebiete. Die Lage der Karstgebiete beeinflußt auch den ober- und unterirdischen Abfluß. Merkliche Abweichungen von der Normalschüttung und der chemischen Zusammensetzung des Wassers sind je nach der lithologischen Ausbildung des Grundwasserspeichers zu beobachten. Da eine natürliche Filterung der Wässer weitgehend fehlt, genügen die Ergebnisse bakteriologischer Untersuchungen häufig nicht den an Trinkwasser zu stellenden Anforderungen.

Die hydrogeologische Karte mit ihren ausführlichen Legenden und fünf Nebenkarten faßt die einzelnen Fakten zusammen. Übersichtliche Bezeichnungen gewährleisten die schnelle Verbindung von der Karte zu den Angaben der Tabellen. Damit wurde eine Kartendarstellung erreicht, die in eindrucksvoller Weise Lithologie, Tektonik, Karsterscheinungen einschließlich ober- und unterirdischem Gewässernetz, Versickerungsstellen, Quellen sowie Brunnen und Bohrungen erkennen läßt.

Die hydrogeologische Karte des großen Karstgebietes von Montpellier ist im Textteil knapp gehalten, aber mit dem reichen Tabellenmaterial doch sehr aussagekräftig und bietet eine moderne hydrogeologische Darstellung. Ihr Studium kann allen Geologen und besonders den Hydrogeologen empfohlen werden. Das B.R.G.M. hat den Band 50 seiner allgemeinen Bedeutung angemessen und im besonderen die kolorierte Karte drucktechnisch recht gut ausgestattet.

K. Dette

Autorenkollektiv

Taschenbuch für Braunkohle, Erz, Salz, Erdöl, Steine und Erden 1968

Düsseldorf: Verlag Marklein 1968. 320 S., zahlr. Abb. u. Tab.

Wir hatten schon wiederholt in unserer Zeitschrift Gelegenheit, auf dieses kleine, wertvolle Taschenbuch für den Kohlenbergbau hinzuweisen. Das vorliegende Bändchen 1968 setzt die bewährte Reihe fort, wobei nach Absolvierung der geologischen Probleme in früheren Ausgaben hier mehr die der Gewinnung im Vordergrund stehen. Für die Erkundungsgeologen von Wichtigkeit dürfte die Frage der Entwässerung von Braunkohlentagebauen sein. Die Beherrschung des Abteufens von Bohrungen bis zu 500 m Teufe stellt eine nicht unwesentliche Voraussetzung für den Aufschluß tieferer Tagebaue in wasserführenden Lockergesteinen dar. Der abschließende statistische Teil weist hinsichtlich der Rohprodukte in Westdeutschland in den Hauptpositionen (außer bei Erdgas) eine fallende Tendenz auf.

	1965	1966
Steinkohle	135077	125970
Braunkohle	101907	98088
Erdöl	7884	7828
Erdgas (in 1000 Nm³)	2220727	2814853
Kalirohsalz	22203	21483
Eisenerz	7953	7199

K. Kauter

Autorenkollektiv

Taschenbuch für Grubenbeamte des Steinkohlenbergbaus 1968

Düsseldorf: Verlag Marklein 1968. 290 S., zahlr. Abb. u. Tab.

Dieses kleine Taschenbuch erscheint im 19. Jahr und stellt ein wichtiges Hilfsmittel für Grubenbeamte, vornehmlich des Steinkohlenbergbaus, dar. Die zahlreichen Diagramme und Schaubilder unterstreichen dies. Nachdem mineralogische, geologische und Lagerstättenprobleme bereits in den vorausgegangenen Ausgaben behandelt worden sind, bleibt für den Geologen und Lagerstättenkundler in dieser Auflage nur wenig von Interesse übrig. Aufmerksamkeit verdienen u. a. die Statistiken am Ende dieses Taschenbuches. Aus ihnen geht hervor, daß bei abnehmender Anzahl der Beschäftigten die Schichtleistungen pro Mann wesentlich ansteigen. Auszugsweise seien folgende Zahlen wiedergegeben:

	Ruhrgebiet	Westdeutschland im Durchschnitt
1. Schichtleistung im Steinkohlenbergbau (unter Tage) t/Mann/Schicht	1960 = 2,1	1,6
	1. Halbjahr 1967 = 3,39	2,59
2. Anzahl der Beschäftigten (in 1000 Mann)	1960 = 315	392 (geschätzt)
	1. Halbjahr 1967 = 171	216

K. Kauter

Neuerscheinungen und Literaturhinweise

Haskin, L. A., u. a.

Die Verteilung der seltenen Erden in der Lithosphäre und im Kosmos

Isd-wo „Mir", Moskau 1968. — 188 S., 54 Abb., 43 Tab. (russ.)

Autorenkollektiv

Fragen der Metamorphose der Kohlen und der Epigenese der Nebengesteine

Isd-wo „Nauka", Leningrad 1968. — 332 S. (russ.)

Autorenkollektiv

Die Metasomatose und andere Probleme der physikalisch-chemischen Petrologie

Isd-wo „Nauka", Moskau 1968. — 384 S. (russ.)

Mahel, M., u. a.

Regionale Geologie der ČSSR. Teil 2: Die Westkarpaten

Verlag Academia, Prag 1968. — 724 S., 176 Abb. (engl.)

Perelman, A. I.

Die Geochemie der epigenetischen Prozesse (Die Zone der Hypergenese). 3. überarbeitete u. ergänzte Aufl.

Isd-wo „Nedra", Moskau 1968. — 332 S., 58 Abb. (russ.)

Kremp, G. O. W.

Palynologische Enzyklopädie

Isd-wo „Mir", Moskau 1967. — 412 S., 822 Abb., 38 Tab. (russ.)

Winnik, L. P.

Struktur der Mikroseismik und einige Fragen zur Methodik der Gruppierung in der Seismologie

Isd-wo „Nauka", Moskau 1968. — 104 S., 33 Abb. (russ.)

Informationen

Neues aus der sowjetischen Bergbauwirtschaft

Ein neues größeres **Erdgas**gebiet wird gegenwärtig in der Wüste von Ostturkestan in der Turkmenischen SSR erschlossen. Sowjetische Geologen schätzen die dort angetroffenen Vorräte auf 150 Mrd. m³.

Der größte Tagebau in der UdSSR wird für den Abbau einer Karbon-**Steinkohlenlagerstätte** in der Kasachischen SSR projektiert. Die Lagerstätte hat eine Erstreckung von 100 km². Die Gesamtvorräte werden bei einer Mächtigkeit des Kohlenflözes von mehr als 100 m auf 9 Mrd. t geschätzt. Der Tagebau soll eine Jahreskapazität von 100 Mill. t erbringen.

Für die Aufbereitung der **Titanomagnetit**-Erze des Kaskarnar-Reviers im Ural, die einen erheblichen Vanadiumgehalt besitzen, wird das größte sowjetische Aufbereitungskombinat errichtet. Jährlich sollen an die 55 Mill. t Erz verarbeitet werden.

Eine der größten **Mangan**lagerstätten nicht nur der UdSSR, sondern auch der Welt ist der Dneprowsker Manganerzbereich, der auch die bekannte Lagerstätte von Nikopol umschließt. Die geologischen Gesamtvorräte dieses Bereiches werden auf mehr als 2 Mrd. t Erz geschätzt.

Kupferhaltige Sandsteine sind an den gesamten **Kupfer**erzvorräten der UdSSR z. Z. mit 33, 5% der gesamten geologischen Vorräte am meisten beteiligt. Der Förderanteil der Kupfererze dieses Typs liegt etwas niedriger und beträgt 28,7%.

Zwei Drittel aller geförderten **Blei- und Zinkerze** konzentrieren sich in der UdSSR z. Z. auf metasomatische Lagerstätten, die an Kontakte von Effusiv- und Sedimentgesteinen in den Bereichen Altai, Tuwy und Transkaukasien gebunden sind. In den Erzen überwiegen Pyrit und Sphalerit vor Galenit.

Die **Gold**funde in der UdSSR häufen sich. Zu den traditionellen Goldgewinnungsbezirken von Ostsibirien und dem Ural ist in Muruntau, in der mittelasiatischen Wüste von Kysyl-Kum, eine neue bedeutsame Lagerstätte hinzugekommen. Auch auf der Russischen Tafel, im Bereich der Kursker Magnetanomalie, wurden neuerdings Quarzgänge mit 0,6 g/t entdeckt. Des weiteren wird aus Karelien und von der Halbinsel Kola die Entdeckung neuer Goldlagerstätten gemeldet.

Im jakutischen **Diamanten**bereich wurden bis jetzt an die 300 Kimberlitschlote gefunden. Nach ihrem Alter werden sie in 4 Gruppen eingeteilt: bis Kambrium, bis Perm, Trias — Jura, Oberer Jura — Kreide. Die größte Menge an Diamanten ist in den Schloten von einem Alter bis Perm konzentriert. Die Diamanten des Urals besitzen meist eine Größe von 0,5 Karat und sind durchscheinend. Der größte bis jetzt im Ural gefundene Diamant hatte 24 Karat. Insgesamt sind z. Z. ca. 200 Diamantseifen im Ural bekannt. Roeder

Neue Bodenschätze in der VR Polen

Mit besonderer Überraschung registrierte kürzlich die Fachwelt die Entdeckung von abbaufähigen Steinkohlenflözen von hohem Heizwert im Raum von Lublin. Die Lagerstätten liegen in abbaufähiger Tiefe. Es bestehen Pläne, dort nach 1970 ein neues Bergbaugebiet zu schaffen. In dem gleichen Raum wurden auch neue Erdöl- und Erdgaslagerstätten entdeckt. Des weiteren konnten wirtschaftliche Erdöllagerstätten im Raum von Bochnia festgestellt werden. Dort sind heute bereits 40% der polnischen Erdölförderung konzentriert.

Die Erdgasfunde im gleichen Gebiet stellen einen besonderen wirtschaftlichen Nutzen dar. Polen rechnet damit, noch in diesem Jahre insgesamt 1,6 Mrd. m³ Erdgas fördern zu können.

Im Gebiet von Kraków sowie in Schlesien sind neue Zink- und Bleilagerstätten angefahren worden. Damit rückt Polen in die Reihe jener Nationen auf, die über die reichsten Vorkommen dieser Art verfügen.

Neue Kalilager konnten im Raum von Gdańsk entdeckt werden. Nach Angaben polnischer Geologen liegen diese Lager nahezu horizontal und sind für einen Abbau gut geeignet.

Im Norden der Wojewodschaft Lublin soll man neuerdings auch auf Phosphorite gestoßen sein. Nähere Angaben stehen noch aus. ROEDER

Österreichs Vorräte an mineralischen Rohstoffen

Einer Arbeit von Prof. KIRNBAUER, Wien, (Montanrundschau 11/67) ist zu entnehmen, daß Österreich über folgende „sicheren" und technisch gewinnbaren Kohlenvorräte (1. 1. 67) verfügt:

Steinkohle	0,2 Mill. t
Glanzkohle	9,8 „ „
lignitische Braunkohle	98,9 „ „
	108,9 Mill. t

Hinzu kommen 34,0 Mill. t an „wahrscheinlichen" Vorräten, so daß die Gesamtmenge mit 142,9 Mill. t ausgewiesen wird.

Über die Lebensdauer aufgeschlossener Mineralrohstoffe werden folgende Angaben gemacht:

bis zu 10 Jahren	Erdgas, Kupfererz, Antimonerz (feuerfeste Tone)
10—30 Jahre	Erdöl, Kohle, Blei-Zinkerz, Graphit, Quarz, (Schwerspat und Flußspat)
30—50 Jahre	Talk, Kaolin
50—100 Jahre	Magnesit, Eisenerz, Quarzit (Kieselgur)
über 100 Jahre	Salz, Gips, Anhydrit, Illit
viele 100 Jahre	Radon (dazu alle Massengesteine wie Basalt, Kalk, Schiefer etc.)

ROEDER

Zur Entwicklung des Erzbergbaus in Indonesien

So berühmt der indonesische Erzbergbau bezüglich der Produktion von Zinn ist, so wenig entwickelt ist er in den anderen Zweigen. Dieser Inselstaat steht erst am Beginn einer sehr aussichtsreichen Entwicklung. Obwohl bisher erst 5% der Oberfläche des Landes geologisch untersucht worden sind, liegen bereits recht detaillierte Angaben über reiche Erzlagerstätten vor. In der Mangani-Region regte eine Goldlagerstätte zwei ausländische Firmen zu größeren Investitionen an. Im Gebiet von Solok wurde eine Bleilagerstätte entdeckt, deren Abbau man z. Z. vorbereitet. Im Pinrang-Gebiet von Südcelebes wurden abbaufähige Lagerstätten von Gold, Glimmer und Blei festgestellt. Des weiteren soll demnächst mit dem Abbau von Nickelerzen bei Malili auf Celebes begonnen werden. In Westguinea ist eine Kupferlagerstätte gefunden worden, und in Westsumatra wird die Gewinnung von Eisen- und Kupfererzen bei Singkara vorbereitet. ROEDER

Gasvorräte der Ukraine

Die Erdgasvorräte der ukrainischen Lagerstätten werden auf 4000 Mrd. m³ geschätzt. Zu den größten in den letzten Jahren entdeckten Gaslagerstätten gehören Rudki, Glinsko-Rosbyschewsk, Gnedinze, Katschanowka, Kegitschewo, Jefremowka u. a. Von 25 ukrainischen Bezirken wurde in 23 Bezirken Erdgas angetroffen. Bis zum Jahre 1970 werden über 60 Städte und größere Siedlungen an das Erdgas-Pipelinenetz angeschlossen. Geplant ist der Bau von ca. 4000 km Rohrleitungen sowie 3800 km Leitungen des Verteilernetzes. ROEDER

Neues Erdöl- und Erdgasgebiet in der Pripjat-Senke

Durch d e Funde von Erdöl und Erdgas, die 1964 und 1965 in der Pripjat-Senke gemacht wurden, konnte das wirtschaftliche Potential Belorußlands wesentlich verbessert werden. Im Vordergrund stehen heute die Lagerstätten Retschiza und Ostaschkowka. Die Speicher gehören tektonisch und lithologisch zum Typ der klüftig-kavernösen Karbonatspeicher devonischen Alters.

Bei 5-mm-Düsen liegen die täglichen Fördermengen zwischen 100 und 150 t pro Sonde. Das Gas:Öl-Verhältnis wird mit 30 bis 40 m³/t angegeben. Die Dichte der Öle schwankt zwischen 0,84 und 0,89. Der Schwefelgehalt erreicht maximal 0,5%, der Paraffingehalt übersteigt nicht 8%. Die laborativ ermittelten Porositäts- und Permeabilitätswerte der Speichergesteine sind sehr gering. ROEDER

Neues aus Brasiliens Erdölwirtschaft

Petrobras beziffert die Erdölproduktion des Jahres 1967 auf 8508849 m³. Das entspricht einer Zunahme von rd. 26%. Die Förderung stammt aus etwa 900 Sonden, die vor allem im Staat Bahia liegen. Diese Produktion deckt z. Z. etwa 40% des Mineralölbedarfs des Landes.

Eine Produktionserweiterung ist in absehbarer Zeit zu erwarten, nachdem kürzlich Petrobras gewisse Erfolgsmeldungen bestätigen konnte. Westlich der bekannten Erdöllagerstätten von Camopolis im Bezirk Sergipe, nahe der Ortschaft Sirizizinho, ist eine bedeutsame Lagerstätte in nur 400 bis 500 m Teufe festgestellt worden. Dort wurden bereits fünf Tiefbohrungen niedergebracht, die sehr ermutigende Ergebnisse gezeitigt haben.

Inzwischen werden auch Vorbereitungen für die erste Offshore-Bohrung getroffen. Ihr Ansatzpunkt liegt 40 km vor der Küste des Staates Espiritu Santo bei 42 m Wasserüberdeckung. ROEDER

Italiens Offshore-Pläne

Nachdem wir bereits berichten konnten, daß Italien Offshore-Bohrungen an der adriatischen Küste niederbringen will, wird nunmehr bekannt, daß neben diesem Gebiet auch der Straße von Tunis, zwischen Sizilien und Tunesien, besondere Aufmerksamkeit gewidmet wird. In diesem Bereich sind geophysikalische Untersuchungen bereits abgeschlossen worden. Die Vorbereitungen für eine erste Versuchsbohrung laufen an. Die aufgefundenen Strukturen sollen erfolgversprechend sein und sich von der sizilianischen Küste bis so weit nach Süden hinziehen, daß sie bereits tunesisches Hoheitsgebiet erreichen. ROEDER

Kohlenwasserstofflagerstätten im Cook-Inlet-Becken in Alaska

Seit 1955 wurden im Cook-Inlet-Becken von Alaska vorwiegend seismische Untersuchungen für die Kohlenwasserstofferkundung durchgeführt. In der Zeit von 1957 bis 1965 wurden insgesamt 165 Bohrungen niedergebracht. Inzwischen sind mehrere Erdgas-, Erdöl- und eine Öl-Gas-Lagerstätte bekannt.

Das Cook-Inlet-Becken hat eine Flächenausdehnung von 16250 Quadratmeilen. Im NW und SE wird es von regionalen Überschiebungen begrenzt. Bedeutungsvoll für die Kohlenwasserstoff-Akkumulation sind die Längs- und Querstörungen der Strukturen. Die Erdöl- und Erdgaslagerstätten kommen in der 8300 m mächtigen Kenai-Formation vor (Eozän bis Pliozän), die diskordant auf meso- und paläozoischen Gesteinen lagert. Das Kohlenwasserstoff-Stockwerk beträgt maximal 500 m, und es erfaßt die produktiven tonigen Sandsteine und Konglomerate im unteren und mittleren Teil der Kenai-Formation. Nach allgemeiner Ansicht sollen die Kohlenwasserstoffe in den marinen jurassischen Schichtenfolgen entstanden und infolge Vertikalmigration in die tertiäre Kenai-Formation gelangt sein. ROEDER

Erdöl aus der Adria

Jugoslawische Geologen haben eine prinzipielle Einschätzung der Ergebnisse der bisherigen Lagerstättensuche in den Küstenbereichen der Adria vorgenommen und kamen zu dem Schluß, daß die Erdöllagerstätten im Adriatischen Meer von außerordentlicher Bedeutung sein werden. Erkundungsbohrungen wurden entlang der Küste der Crna Gora, auf der Insel Korčula, der Halbinsel Pelješac und an anderen Orten niedergebracht. Die Teufe der Suchbohrungen erreichte stellenweise 4000 m. Es ist damit zu rechnen, daß die Erdölförderung innerhalb der nächsten vier Jahre beginnen wird. ROEDER

Erreichte Rekordtiefen der RGW-Mitgliedsländer

Nach dem Stand vom September 1967 erreichten die Mitgliedsländer des RGW mit Tiefbohrungen folgende Rekordteufen:

Land	Jahr	Teufe m	Bohrung
VR Bulgarien	1967	4541	Mirowo R 1
ČSSR	1966	4599	Savod 68
DDR	1966	5502	Barth 1
VR Polen	1966	4419	Szebesch
SR Rumänien	1966	6016	
UdSSR	1967	6221	Medwedowskaja 2
VR Ungarn	1966	4373	Budafa 1

ROEDER

Eisenerz in Nordschweden

Im nördlichen Teil von Schweden, unweit Kiruna, wurden zwei neue Eisenerzlagerstätten entdeckt. Eine von ihnen ist bereits erkundet. Sie enthält ca. 250 Mill. t Eisenerz mit geringem Phosphorgehalt, vor allem Magnetit und Hämatit. Beide Lagerstätten liegen ungefähr 400 bis 500 m unter der Oberfläche. Nach den neuesten Berechnungen schwedischer Geologen, in denen die neuentdeckten Lagerstätten mit einbezogen sind, betragen die Gesamtvorräte des nördlichen Schwedens ungefähr 2,7 Mrd. t Eisenerz; davon liegen 1,6 Mrd. t im Bereich von Kiruna. Zur Zeit werden in Schweden jährlich insgesamt ungefähr 25 Mill. t Eisenerz abgebaut. ROEDER

Schwefelpipeline in Kanada

Kanada, das seit 1965 als der zweitgrößte Schwefelproduzent der Welt gilt, der allein 20% der kapitalistischen Länder mit diesem Rohstoff versorgt, ist dazu übergegangen, den Schwefel durch eine Pipeline quer durch halb Kanada zu transportieren. Diese Anlage, die kurz vor der Vollendung steht, ist einmalig in der Welt. Man rechnet damit, anfangs 1,5 Mill. t/Jahr auf diese Art zu befördern. Gegenwärtig wird ein Fünftel der dortigen Schwefelproduktion aus Erdgas gewonnen. ROEDER

Uranerze in den USA

Nach Schätzungen der amerikanischen Kommission für Atomenergie werden bis zum Jahre 1980 250000 t Uran benötigt, um den Bestand der Industrie zu decken. Darüber hinaus sollten die Vereinigten Staaten in dieser Zeit ca. 400000 t Uranerz als notwendige Reserve besitzen. Gegenwärtig werden die Vorräte auf 140000 t geschätzt.

Zum Aufsuchen neuer Lagerstätten laufen z. Z. Suchprogramme, die insgesamt Ausgaben in Höhe von 1 Mrd. Dollar vorsehen. Dabei wird gegenüber früheren Suchetappen nunmehr besonderer Nachdruck auf Tiefbohrungen gelegt. Mit besonders großen Reserven an Uranerz rechnet man im Staat Wyoming. Reiche Lagerstätten werden gleichfalls in den Staaten von New Mexico, Utah und Colorado erwartet. ROEDER

Kupfer in Peru

Die Kupfervererzung von Toquepaly wurde 1930 entdeckt. Der Aufschluß der Lagerstätte begann im Jahre 1956; das erste Erz wurde dort 1960 gewonnen. Zur Zeit gehen aus den Gruben von Toquepaly täglich 40000 t Erz mit einem Kupfergehalt von 1,3 bis 1,5% zur Aufbereitung. Die jährliche Produktion beträgt 140000 t Kupfer sowie 1000 t Molybdänkonzentrate. Das Erz wird elektrolytisch verarbeitet, wobei das Kupfer auf 99,96% Cu gereinigt wird. ROEDER

Mexikos Silberproduktion

Mexiko, das 1966 in der Weltproduktion von Silber noch an erster Stelle stand, hat 1967 diese Position eingebüßt. Von 1964 ab sanken die Mengen produzierten Silbers pro Jahr ständig ab (1964 = 1305 t, 1965 = 1153 t). Nachdem 1966 die Silbergewinnung um weitere 2 Mill. Unzen auf insgesamt 41 Mill. Unzen zurückgegangen war, konnten 1967 sowohl die USA als auch Kanada, die ihre Produktion wesentlich erweiterten, mit 44 bzw. 43 Mill. Unzen Mexiko überflügeln. ROEDER

Kaliproduktion Kanadas

Die Entwicklung der Kaliproduktion in Kanada ist durch außerordentlich hohe Zuwachsraten gekennzeichnet. Während die Produktion 1962 noch bei 136000 t K_2O lag, ist sie 1965 auf 1,3 Mill. t und 1966 sogar auf 1,85 Mill. t gestiegen. Bei dieser Entwicklung kommen dem kanadischen Kalibergbau der hohe K_2O-Gehalt des Rohsalzes mit 25 bis 35% und der geringe Verwachsungsgrad zugute. ROEDER

Kurznachrichten

Nach „Petroleum Press Service" betrug die **Welterdölförderung** in den ersten sechs Monaten des Jahres 1968 933 Mill. t. Damit erreichte die Zunahme mehr als 86 Mill. t oder 10% der Menge des Jahres 1967.

In **Ekuador** sind auf einer 20000 km² großen Fläche entlang dem Osthang der Kordilleren, im Süden des Landes, neue Sucharbeiten auf **Erdöl** angelaufen. Das Gebiet liegt 200 km von den bereits erkundeten Lagerstätten Orito und Lagro Agrio in Südkolumbien und Nordekuador entfernt.

Im **Iran** wird mit dem Abbau von **Kupfererzen** bei Kerman begonnen. Die Vorräte der dortigen Lagerstätten werden mit ca. 100 Mill. t Kupfererz angegeben. Als „wahrscheinlich" wird sogar von 300 Mill. t gesprochen.

Im **Norden von Transvaal**, in Vendaland, ist, südafrikanischen Berichten zufolge, eine neue, reiche **Kupferlagerstätte** entdeckt worden. Die Vorräte sollen doppelt so groß sein wie die des südafrikanischen Südwestens.

In der kongolesischen Provinz **Südkatanga** laufen neue Sucharbeiten auf **Kupferlagerstätten** an, an denen japanische Stellen beteiligt sind. Dadurch soll die Kupferproduktion des Landes um 100000 t jährlich gesteigert werden. Derzeit produziert Kongo etwas über 300000 t pro Jahr.

In **Neukaledonien** werden gemeinsam von Kanada und Frankreich **Nickelerze** abgebaut. Es handelt sich um Lateriterze mit einem Ni-Gehalt von 1,0 bis 1,7%. Die Produktion soll demnächst 25000 bis 30000 t pro Jahr betragen.

In der **Republik Niger** wird der Abbau der **Zinnlagerstätte** im Bezirk Air forciert. Die derzeitige Förderung beträgt 75 bis 80 t Zinnstein pro Jahr. Das Erz hat einen Zinngehalt von 67,65% Sn.

Es wird erwartet, daß die Grube Bindura in **Südrhodesien** in diesem Jahre ihre **Nickelproduktion** auf 600000 t steigern wird. Die Gesamtvorräte an Erz mit einem Durchschnittsgehalt von 1% Ni werden auf 7 Mill. t geschätzt.

Die **Weltproduktion von Kali** stieg 1967 um 8% oder 1,1 Mill. t auf den neuen Rekordstand von 15,6 Mill. t K_2O-Gehalt an. Den größten Zuwachs erzielten Kanada und die UdSSR.

Auch **Japan** beginnt nun mit der **Unterwassersuche nach Kohlenwasserstoffen**. Das Suchgebiet erstreckt sich über eine Fläche von 61000 m² von der Insel Oki im NE bis über die Goto-Inseln im SW hinaus. Damit ist das Gesamtgebiet größer als die niederländischen und norwegischen Abschnitte der Nordsee zusammen.

Im **Tankerbauprogramm** der nächsten Zeit sind Schiffe für Erdöl bis zu 275000 tdw verzeichnet. In den Jahren 1970 bis 1980 sollen noch weit größere Schiffe gebaut werden, wofür jetzt bereits Entwürfe ausgearbeitet werden, die den Tankschiffbau völlig revolutionieren dürften.

Herausgeber: Zentrales Geologisches Institut im Auftrag des Staatssekretariats für Geologie beim Ministerrat der Deutschen Demokratischen Republik. Für die kollektive Chefredaktion: Dr. K. Kauter (Redaktionssekretär), Berlin. Redaktion: 1054 Berlin, Zionskirchstraße 34 (Fernsprecher 426001). Verlag: Akademie-Verlag GmbH, 108 Berlin, Leipziger Straße 3—4 (Fernsprecher 220441, Telex 0112020, Postscheckkonto: Berlin 35021). Bestellnummer des Heftes 1047/15/1. Alleinige Anzeigenannahme DEWAG-WERBUNG, 102 Berlin, Rosenthaler Str. 28—31, und alle DEWAG-Betriebe in den Bezirksstädten der DDR. Die „Zeitschrift für angewandte Geologie" erscheint monatlich, Exportpreis: M 6,—, Sonderpreis für die DDR: M 2,— je Heft. — Satz und Druck: VEB Druckhaus „Maxim Gorki", 74 Altenburg. Veröffentlicht unter der Lizenznummer 1279 des Presseamtes beim Vorsitzenden des Ministerrates der Deutschen Demokratischen Republik, Kartengenehmigung Nr. 913/68, 935/68, 988/68.

34114

FSC
www.fsc.org
MIX
Papier | Fördert gute Waldnutzung
FSC® C083411

Kolibri 360 GmbH
Ferdinand-Jühlke-Straße 7
99095 Erfurt, Deutschland
produktsicherheit@kolibri360.de